新型职业农民培育·农村实用人才培训系列教材

U0393298

# 肉羊生产实用技术问答

恵 贤　赵永钧　张树海　戴成娥　等 著

中国农业科学技术出版社

## 图书在版编目（CIP）数据

肉羊生产实用技术问答／恧贤等著. —北京：中国农业科学
技术出版社，2015. 12
ISBN 978 – 7 – 5116 – 2451 – 2

Ⅰ. ①肉…　Ⅱ. ①恧…　Ⅲ. ①肉用羊 – 饲养管理 – 问题解答
Ⅳ. ①S826. 9 – 44

中国版本图书馆 CIP 数据核字（2015）第 320912 号

| | |
|---|---|
| 责任编辑 | 闫庆健 |
| 责任校对 | 贾海霞 |

| | |
|---|---|
| 出 版 者 | 中国农业科学技术出版社 |
| | 北京市中关村南大街 12 号　邮编：100081 |
| 电　　话 | （010）82106632（编辑室）　（010）82109704（发行部） |
| | （010）82109709（读者服务部） |
| 传　　真 | （010）82106625 |
| 网　　址 | http://www.castp.cn |
| 经 销 者 | 各地新华书店 |
| 印 刷 者 | 北京昌联印刷有限公司 |
| 开　　本 | 710mm ×1 000mm　1/16 |
| 印　　张 | 7. 5 |
| 字　　数 | 135 千字 |
| 版　　次 | 2015 年 12 月第 1 版　2017 年 2 月第 2 次印刷 |
| 定　　价 | 25. 00 元 |

# 《肉羊生产实用技术问答》
# 编 委 会

主　　任　李宏霞
副 主 任　杜茂林　　恵　贤
编　　委　陈　勇　姚亚妮　海小东　王锦莲
　　　　　窦小宁　王文宁

## 著者名单

主　　著　恵　贤　赵永钧　张树海　戴成娥
副 主 著　金长生　郜军荣　徐秀莲　海小东
　　　　　黑正宏　姚代银　李淑娟
参　　著　陈　勇　姚亚妮　王锦莲　王文宁
　　　　　牛道平　窦小宁　周彦明　雍海虹
　　　　　马志成　张金文　蔡晓波　冯　祎
　　　　　宋淑玲　全耀军　海　翡

# 前　言

　　清真牛羊肉产业是宁夏回族自治区最具区域优势和民族特色的产业，也是宁南山区农民增收致富的主要途径之一。近年来，随着肉羊养殖的快速发展，农民对肉羊科学养殖新技术需求越来越迫切，为此我们组织撰写了《肉羊生产实用技术问答》一书。

　　本书紧密结合当地肉羊养殖生产实际，以问答形式，重点介绍了肉羊主要品种及生产性能，肉羊的选育选配和杂交利用，肉羊的人工授精技术，提高肉羊繁殖性能的主要措施，肉羊主要饲料及其加工调制，圈舍设计建造及设施养殖肉羊的饲养管理技术等内容，还简要介绍了肉羊常见疫病防治技术。

　　本书作者长期从事肉羊养殖与疫病防治工作，积累了大量第一手资料和许多生产实践经验，书中内容丰富，贴近生产实际，资料翔实，图文并茂，语言通俗易懂，便于学习掌握和实际操作，是一本较为理想的新型职业农民、农村实用人才培训教材，也适合广大畜牧科技工作者参阅学习。

　　本书初稿完成后，邀请有关专家、学者及教师对本书进行了审定，在此表示感谢。由于作者水平有限，错误与纰漏在所难免，敬请读者谅解，并批评指正。

作　者
2015 年 10 月

# 目　录

第一章　肉用羊品种引进与有效利用 …………………………………（1）

　第一节　肉羊生产在国内外发展特点 …………………………（1）

　第二节　引入固原地区的国内外主要肉用绵羊有哪些品种？ …………（2）

　第三节　肉羊品种资源与利用技术 …………………………（6）

　第四节　山羊的类型与品种 …………………………………（12）

第二章　肉羊对饲草料的利用与加工调制技术 …………………（16）

　第一节　青绿饲料的营养特点及加工调制 …………………（16）

　第二节　青储饲料的营养特点及调制技术 …………………（17）

　第三节　青干草营养特点及调制技术 ………………………（20）

　第四节　秸秆秕壳类饲料营养特点及调制技术 ……………（21）

　第五节　籽实饲料的营养特点及应用 ………………………（24）

　第六节　多汁饲料的营养特点 ………………………………（26）

第三章　肉羊的饲养与管理 ……………………………………（27）

　第一节　羊的生活习性和消化特点 …………………………（27）

　第二节　肉羊舍饲 ……………………………………………（29）

　第三节　肉羊的饲养 …………………………………………（33）

　第四节　羔羊的饲养与护理 …………………………………（36）

　第五节　肉羊的育肥 …………………………………………（40）

　第六节　肉羊的营养需要和日粮配合 ………………………（42）

　第七节　肉羊的管理措施 ……………………………………（44）

第四章　肉羊繁育技术 …………………………………………（48）

　第一节　肉羊发情生理与发情鉴定 …………………………（48）

　第二节　肉羊的配种时间和方法 ……………………………（50）

　第三节　肉羊人工授精技术 …………………………………（52）

　第四节　提高肉羊繁殖力主要措施 …………………………（58）

肉羊生产实用技术问答

  第五节　肉羊的选种选配 ·················································· (59)

  第六节　提高肉羊繁殖力的基本措施 ·································· (61)

  第七节　肉羊繁殖新技术 ·················································· (63)

第五章　肉羊常见疾病防治 ················································· (66)

  第一节　常见传染病 ·························································· (66)

  第二节　常见普通病 ·························································· (80)

  第三节　常见寄生虫病的防治 ········································· (102)

参考文献 ·················································································· (114)

# 第一章
# 肉用羊品种引进与有效利用

## 第一节 肉羊生产在国内外发展特点

### 一、为什么肉羊业已成为养羊业的主要产业?

20 世纪 50 年代前，世界绵羊业着重生产 60 支纱以上的细毛为主，而羊肉生产处于从属地位。进入 20 世纪 60 年代，由于合成纤维产量迅速增长和毛纺工艺技术的提高，市场对羊毛尤其细羊毛的需求量下降，使单纯的毛用养羊业受到了冲击，羊毛产量的销售一直徘徊不前。而羊肉在国际市场需求量的增加和羊肉价格的提高，使羊肉产量持续增长。人们认识到单纯生产细毛而忽视羊肉生产，在经济上很不合算。为此，从 20 世纪 60 年代开始，世界养羊业由"毛主肉从"向"肉主毛从"方向发展，肉羊业已成为养羊业的主导产业，而以养羊业发达国家最突出，肉羊以 4 ~ 6 月龄的肥羔生产和 7 ~ 10 月龄的羔羊肉生产为主，如新西兰羔羊肉占羊肉总产量的 80% 左右；法国、英国和美国的羔羊肉分别占到羊肉产量的 75%、94% 和 90%；以饲养细毛羊而著称于世的澳大利亚，羔羊肉也占到羊肉总产量的 70% 以上。我国羔羊肉生产起步较晚，发展较快，如山东、河北、河南、内蒙古自治区、新疆维吾尔自治区、江苏等地相继从国外引进一批肉用羊品种，与当地羊进行杂交，生产羔羊肉取得了很好的效果。预计今后较长时期内，肉羊业仍将以可观的经营效益和特好的商品市场持续发展下去。

### 二、杂交繁育是怎样迅速发展的?

肉羊生产杂交化已成为获取量多、优质和高效生产羊肉的主要手段。多数国家的绵羊肉生产以三元杂交为主，终端品种多用萨福克羊、无角陶赛特羊、汉普夏羊、夏洛莱羊等；山羊肉生产以二元杂交为主，终端品种多用波尔山羊。我国

20 世纪 80 年代以来，先后从国外引进了具有早熟、产肉性能好的肉用品种如萨福克羊、夏洛莱羊、无角陶赛特羊、特克赛尔羊等，这些优良的肉用品种，为改良我国地方品种，选择杂交改良最佳父本及育成肉羊新品系，杂交生产优质羔羊肉产业的迅速发展打下了良好的基础。

### 三、何谓肉用羊，有什么特点？

羊的产肉性能，由于品种不同，产肉的数量、质量和经济效益有较大差别，不是所有产肉的羊为肉羊，肉羊指具有独特产肉性能的羊称为肉用羊。其特点是生长发育快、早熟、饲料报酬高、产肉性能好、肉质优良、繁殖力高、全年发情、配种与产羔、遗传性稳定，适应性强等。

肉用绵羊体型和外貌为颈短粗、肩宽厚、胸宽深、背腰宽而平直、后躯发育宽大，肌肉丰满，体躯呈圆桶状或长方形，四肢短而细的特征。

## 第二节　引入固原地区的国内外主要肉用绵羊有哪些品种？

现在家养的绵羊，是在一万多年前由野生绵羊驯化而来的。目前，世界上有 600 多个品种，10.7 亿只绵羊。绵羊品种按生产方向分类法可分为细毛羊、半细毛羊、粗毛羊、羔皮羊、裘皮羊和肉用羊等类型。

肉用羊除应具备肉用羊的体型外貌外，还必须具备以下特点：一是羔羊增重快，从初生到 6 月龄的平均日增重应达 200g 以上；二是肥育性能好，在育肥 1 ~ 2 个月内，就能达到出栏的肥育体况；三是产肉性能高，屠宰率达 50% 以上，胴体净肉率达 80% 以上；四是肉质好，皮下脂肪薄，肌肉脂肪多，脂肪呈白色，肌肉鲜嫩多汁、坚挺；五是早熟和多胎，母羔 7 ~ 12 月龄便可配种繁殖，公羔 8 ~ 12 月龄便可采精配种，而且母羊群的产羔率应达到 150% 以上。

近年来，宁夏回族自治区固原市（以下简称宁夏固原地区）引入的主要肉用绵羊品种有无角陶赛特羊、特克塞尔羊、萨福克羊、德国肉用美利奴羊、夏洛莱羊等。这些优良品种，为地方品种选择杂交改良最佳父本及培育肉用多胎型品种打下了良好基础。现将引入主要肉用绵羊品种简介如下。

### 一、无角陶赛特羊（PolledDorset）

原产于澳大利亚和新西兰，该品种是以雷兰羊（Ryeland）和有角陶赛特羊为母本，考力代羊为父本，然后再用有角陶赛特公羊回交，选择所生无角后代培育而成。具有早熟、生长发育快、全年发情和耐热及适应干燥气候的特点。公、母羊无角，颈粗短，胸宽深，背腰平直，躯体呈圆桶状，四肢粗短；后躯丰满，面部、四肢及蹄白色，被毛白色。体重公羊 90～110kg，母羊 60～70kg；剪毛量 4～5kg，毛长 7.5～10cm，毛细 58～48 支；胴体品质和产肉性能好；产羔率 130% 左右（彩图 1）。

【国内利用情况】我国新疆维吾尔自治区（以下简称新疆）和内蒙古自治区（以下简称内蒙古）及中国农业科学院在 20 世纪 80 年代末和 90 年代初从澳大利亚引入，除进行纯种繁育外，还同新疆、内蒙古自治区的地方绵羊和山东省的小尾寒羊杂交，生产羔羊肉。据中国农业科学院畜牧研究所和兰州畜牧与兽药研究所分别在山东省嘉祥种羊场和郓城种羊场的试验结果表明，杂交一代公羊均表现出较好的产肉性能。6 月龄的胴体重为 24.2kg，屠宰率 54.5%，净肉重 19.14kg，净肉率 43.1%，后腿、腰肉重 11.15kg，占胴体重的 46.07%。

【利用情况】宁夏固原地区于 2002 年引进，与小尾寒羊杂种羊（简称寒杂羊）母羊杂交，杂种一代 3 月龄和 6 月龄公母羔羊平均体重为 24.17kg 和 37.7kg，分别比同龄寒杂羔羊（19.47kg、30.01kg）增重 4.7kg 和 7.69kg，提高 24.14% 和 25.62%；3 月龄和 6 月龄的胴体重为 14.16kg 和 18.2kg，比同龄寒杂羔羊（10.31kg、13.86kg）胴体重分别增重 3.85kg 和 4.34kg，提高 37.34% 和 31.31%；屠宰率为 52.15% 和 50.39%，比寒杂羔羊（48.93%、47.46%）分别提高 3.22% 和 2.93%，是生产羔羊肉较好的父本。

陶杂 F1 代周岁母羊平均体重为 48.52kg，比同龄寒杂母羊 41.79kg 增重 6.73kg，提高 16.1%；成年陶杂 F1 代母羊平均体重 56.76kg，比同龄寒杂母羊 49.53kg 增重 7.23kg，提高 14.6%。

## 二、特克塞尔羊（Texel）

原产于荷兰，该品种是用林肯羊和莱斯特羊与当地马尔盛夫羊杂交选育而成，为同质强毛型肉用品种羊，具有生长快、体大、产肉和产毛性能好等特点。羊头大小适中，颈中等长、粗，体格大，胸圆、耆甲平，背腰平直、宽，肌肉丰满，后躯发育良好。眼大突出，鼻镜、眼圈部皮肤为黑色，蹄为黑色，适应性强，耐粗饲。成年公羊体重 110～140kg，母羊 70～90kg；剪毛量 5～6kg，毛长 10～15cm，净毛率 60%，毛细 48～50 支；性早熟，母羊 7～8 月龄便可配种繁殖，而且母羊发情的季节长；80% 的母羊产双羔，产羔率为 200% 左右；4～5 月龄体重达 40～50kg，可出栏屠宰，平均屠宰率为 55%～60%（彩图 2、3、4）。

【国内利用情况】该品种羊已被引入到德国、法国、英国、比利时、美国、捷克、印度尼西亚和秘鲁等国，并且已经成为这些国家推荐的优良品种和用作经

济杂交生产肉羔的父本。黑龙江省大山种羊场 1995 年引进此品种羊，其中，14 月龄公羊平均体重为 100.2kg，母羊 73.28kg。20 多只母羊产羔率平均为 200%，30~70 日龄羔羊日增重为 330~425g，母羊平均剪毛量为 5.5kg。

【本区利用情况】宁夏固原地区于 2005 年引进，同寒杂羊母羊杂交，杂种一代 3 月龄和 6 月龄公母羔羊平均体重为 26.7kg 和 37.5kg，分别比同龄寒杂羔羊（19.47kg、30.01kg）增重 7.23kg 和 7.49kg，提高 37.13% 和 24.96%。3 月龄宰前活重 29.1kg，胴体重 15.38kg，屠宰率为 52.85%，胴体重、屠宰率分别比寒杂羔羊（10.23kg、48.67%）提高 5.15kg 和 4.18%，为发展肥羔生产找到理想的杂交父本。

## 三、萨福克羊（Suffolk）

产于英国英格兰东南的萨福克，诺福克、剑桥和艾塞克等地。该羊以南丘羊为父本，当地体大、瘦肉率高的黑脸有角诺福克羊（NoyflkHorn）为母本杂交培育而成，是 19 世纪初期培育出来的品种，在英国、美国是用作终端杂交父本的主要公羊。该品种性早熟，生长发育快，产肉性能好，母羊母性好，产羔率中等。公、母羊无角，颈粗短，胸宽深，背腰平直，后躯发育丰满；成年羊头、耳及四肢为黑色，被毛有有色纤维；四肢粗壮结实。体重成年公羊 100~110kg，母羊 60~70kg；3 月龄羔羊胴体重达 17kg，肉嫩脂少；剪毛量 3~4kg，毛长 7~8cm，毛细 56~58 支，净毛率 60%；产羔率 130%~140%（彩图 5、6、7）。

【国内利用情况】我国从 20 世纪 80 年代起先后从澳大利亚引进，主要分布在内蒙古和新疆等自治区，除进行纯种繁殖外，还同当地粗毛羊、细毛羊低代杂种羊进行杂交生产肉羔。该品种在澳大利亚同细毛羊杂交培育南萨福克羊，因早熟，产肉性能好，美国用作肥羔生产的终端品种。

【本区利用情况】宁夏固原地区于 2005 年引进，与寒杂母羊杂交，杂种一代 3 月龄公母羔羊平均体重 26.44kg，6 月龄为 36.32kg，比同龄寒杂羔羊（19.47kg、30.01kg）分别增重 6.97kg 和 6.31kg，提高 35.8% 和 21.03%，是生产羔羊肉的较好父本。

## 四、德国肉用美利奴羊（GermanMuttonMerino）

产于德国，主要分布在萨克森州农区。是用泊力考斯和英国来斯特公羊同德国原产地的美利奴母羊杂交培育而成。该品种早熟，羔羊生长发育快，产肉力强，繁殖力强，被毛品质好。公、母羊均无角，颈部及体躯皆无皱褶；体格大、胸深宽，背腰平直，肌肉丰满，后躯发育良好，被毛白色，毛密而长，弯曲明显。成年公羊体重 100~140kg，母羊 70~80kg；羔羊生长发育快，日增重 300~350g，130d 可屠宰，活重可达 38 ~ 45kg，胴体重 18 ~ 22kg，屠宰率 47% ~ 49%。毛长公羊 8 ~ 10cm，母羊 6 ~ 8cm，细度母羊为 64 支，公羊 64 ~ 60 支；剪毛量公羊 7 ~ 10kg，母羊 4 ~ 5kg；净毛率 50% 以上。德国肉用美利奴羊具有高的繁殖能力，性早熟，12 月龄前就可第一次配种，产羔率 150% ~ 250%；泌乳能力好，羔羊生长发育快，母羊母性好，羔羊死亡率低。

【国内利用情况】我国在 20 世纪 50 年代末至 60 年初由前德意志民主共和国引入千余只，主要分别饲养在华北、东北和西北地区。近几年，该品种已被逐渐引入中南与华东地区，包括河南、湖北、湖南、安徽、浙江等省。该品种对干燥气候，降水量少的地区有良好的适应能力而且耐粗饲。除进行纯种繁育外，曾与蒙古羊、西藏羊、小尾寒羊和同羊杂交，后代被毛品质明显改善，生长发育快，产肉性能好，是育成内蒙古细毛羊的父系品种之一。对这一品种资源要充分利用，可用于改良农区，半农半牧区的粗毛羊或细杂母羊，增加羊肉产量。

## 五、夏洛莱羊（Charolais）

原产于法国中部的夏洛莱丘陵河谷地，1984 年定为品种，是生产肥羔的优良品种。该羊无角，头部无毛，脸部呈粉红色或灰色；额宽，耳大，体躯长、胸深宽，背腰平直，后躯宽大，肌肉丰满；两后肢距离大，肌肉发达，四肢较短。被毛同质，白色。夏洛莱羊早熟，耐粗饲，采食能力强。对寒冷潮湿或干燥气候，适应性强。成年公羊体重 110 ~ 140kg，母羊 80 ~ 100kg；周岁羊公、母分别为 70 ~ 90kg 和 50 ~ 70kg。育肥后的 4 月龄羔羊体重达 35 ~ 45kg，胴体重 20 ~ 23kg，且胴体瘦肉多、脂肪少。产羔率在 180% 以上。羊毛长度 7cm 以上，细度 56 ~ 60 支，剪毛量 3 ~ 4kg（彩图 8、9）。

【国内使用情况】20 世纪 80 年代我国的内蒙古、辽宁、山东、河南等省、自治区引进夏洛莱羊，除进行纯种繁育外，并同当地粗毛羊杂交生产羔羊肉。

【本区利用情况】宁夏固原地区于 2006 年引进，与陶赛特羊杂种一代母羊终端杂交，其杂交二代（F2）全部用作肥羔；3 月龄公母羔羊平均体重 27.5kg，比陶杂一代公、母同龄羔羊增重 3.3kg，提高 13.78%，比寒杂羊同龄羔羊增重 8.03kg，提高 41.24%，是理想的终端杂交父本。

## 六、杜泊羊

由有角陶赛特羊和波斯黑头羊杂交育成，最初在南非较干旱的地区进行繁殖和饲养，因其适应性强、早期生长发育快、胴体质量好而闻名。杜泊羊分为白头和黑头两种。

【外貌特征】杜泊羊体躯呈独特的筒形，无角，头上有短、暗、黑或白色的

毛，体躯有短而稀的浅色毛（主要在前半部），腹部有明显的干死毛。

【品种特性】杜泊羊适应性极强，采食性广、不挑食，能够很好地利用低品质牧草，在干旱或半热带地区生长健壮，抗病力强；适应的年降水量为 100 ~ 760mm。能够自动脱毛是杜泊羊的又一特性。

【生产性能】杜泊羊不受季节限制，可常年繁殖，母羊产羔率在 150% 以上，母性好、产奶量多，能很好地哺乳多胎后代。杜泊羊具有早期放牧能力，生长速度快，3.5 ~ 4 月龄羔羊，活重约达 36kg，胴体重 16kg 左右，肉中脂肪分布均匀，为高品质胴体。虽然杜泊羊个体中等，但体躯丰满，体重较大。成年公羊和母羊的体重分别为 120kg 和 85kg 左右。

【杂交改良利用】山东省是全国养羊大省，绵羊品种资源丰富，如小尾寒羊、大尾寒羊和洼地绵羊等，这些品种存在一个共同的缺点，即生长发育慢和出肉率低，虽然小尾寒羊相对生长速度较快，但出肉率低却是其明显的不足之处。因此，引进杜泊羊对上述品种进行杂交改良，可以迅速提高其产肉性能，增加经济效益和社会效益（彩图 10、11）。

## 第三节　肉羊品种资源与利用技术

### 一、我国是否有肉羊品种？

以前我国的绵羊、山羊品种中，没有肉用羊的品种，而今已培育了这样的品种，如 1993 年 9 月由农业部农垦司组织专家鉴定的新疆农垦系统新培育的我国第一个肉用细毛羊，定名为阿勒泰肉用细毛羊。据介绍，这种羊在全放牧条件下，6 个半月龄的公羔体重达 35.9kg，胴体重 19.07kg，屠宰率 53.11%，在舍饲条件下，产肉性能还要好；又如四川省南江县培育了一个肉用山羊品种，名称为：南江黄羊。这些品种的育成问世，将对我国发展肉用养羊业产生极大的影响，会使羊肉生产有较大幅度的提高。

### 二、我国有哪些绵羊品种产肉性能好？

我国原有地方绵羊品种资源中，属于肉脂羊的主要绵羊品种如下。

#### （一）阿勒泰羊

是哈萨克羊种的一个分支，以体格大，肉脂生产性能高而著称。其主要产区为新疆北部的福海、富蕴、青河和阿勒泰等县。该羊属肉脂兼用粗毛羊，体格大、体质结实，适应终年放牧。公羊具有大的螺旋形角，母羊中有 2/3 的个体有角。胸深宽，背平直，后躯高，肌肉肥育好，股部肌肉丰满。其尾形较特殊，在尾椎周围沉积大量脂肪而形成"臀脂"。臀脂发达，腿高而结实。被毛属异质，毛色主要为棕红色，部分个体为花色，纯白、纯黑者少。体重平均4月龄公羔为38.9kg，母羔为36.7kg；1.5岁公羊为70kg，母羊55kg；成年公羊为93kg，母羊68kg。毛质较差，主要用以擀毡。成年羯羊的屠宰率为52.88%，胴体重平均为39.5kg，脂臀占胴体重的17.97%。羔羊早期生长发育快，5月龄羔羊平均活重37.7kg，平均产肉脂胴体重20kg，屠宰率53%，产羔率110.3%。产区利用该品种早熟性好，产肉脂性能好，生长发育快，抓膘能力强的特点，引入早熟性好的肉用品种改良，发展肥羔生产。

**（二）乌珠穆沁羊**

产于内蒙古自治区锡林郭勒盟东部乌珠穆沁草原，主要分布在东部乌珠穆沁旗和西乌珠穆沁旗，以及比邻的锡林浩特市，阿巴嘎旗部分地区。该羊属肉脂兼用型短脂尾粗毛羊，具有适应性强，适于天然草场四季大群放牧饲养，肉脂产量高的特点，而且具有生长发育快，成熟早，肉质细嫩等优点。体质结实，体格较大，头大小中等，额稍宽，鼻梁微隆起，公羊大多有角，少数无角，母羊多无角；颈中等长，体躯长，背腰宽，肌肉丰满，结构匀称；四肢粗壮，小脂尾。体重平均6月龄公羔为39.6kg，母羔为35.9kg，周岁公羊为53.8kg，母羊为46.67kg；成年公羊74.43kg，母羊58.4kg；被毛属异质，剪毛量平均成年公羊为1.9kg，母羊1.4kg，成年羯羊为2kg；在放牧条件下，6月龄的羔羊，屠宰前体重平均可达35kg，胴体重平均17.9kg，屠宰率50%，净肉率33%；成年羯羊宰前体重60kg，胴体重平均为32.2kg，屠宰率53.5%，净肉重平均22.5kg，净肉率37.4%，产羔率100%，利用其特点生产肥羔。

**（三）小尾寒羊**

产于山东省西南部地区及河北省东部，以山东省较优。该羊具有成熟早，早期生长发育快，体格大，肉质好，四季发情，繁殖力强，遗传性能稳定等特点，适合舍饲饲养。公羊有大的螺旋形角，母羊有小角或姜形角，鼻梁隆起，耳大下垂；公羊前胸较深，耆甲高，背腰平直，体躯高大，前后躯发育匀称，四肢粗壮，蹄质坚实；母羊体躯略呈扁形，乳房发达。小脂尾呈椭圆形，被毛为白色，全身为异质粗毛或半粗毛，含少量干死毛，按被毛品质分为裘皮型、细毛型和粗毛型三种。体重周岁公羊平均为65kg，母羊为46kg；成年公羊为95kg，母羊为49kg；剪毛量公羊为3.5kg，母羊为2.0kg，净毛率63%；产肉性能，周岁前生长发育快，具有较强产肉潜力。在正常放牧条件下，日增重公羔为160g，母羊为

115g，改善饲养条件情况下，日增重可达 200g 以上。周岁育肥公羊宰前活重平均 72.8kg，胴体重平均为 40.48kg，屠宰率为 55.6%，净肉重平均为 33.41kg，净肉率为 45.89%。公母羊性成熟早，5～6 月龄就发情，当年可产羔。母羊正常发情，多集中在春秋两季，有部分母羊一年两产或两年三产，产羔率依胎次增加而提高。产羔率初产母羊 200% 以上，经产母羊在 260% 以上。可利用该品种多胎的特性发展羔羊肉生产。

【引进有效利用】小尾寒羊是具有多胎多羔的地方优良绵羊品种，固原地区利用这一特点，引进山东省梁山等县小尾寒羊，与本地绵羊杂交，提高其繁殖率，通过试验表明，寒本杂一代母羊平均产羔率为 136.84%，二代母羊为 192.19%，三代母羊为 203.57%，比本地绵羊产羔率 103% 分别提高 23.84%、89.19% 和 100.57%，是发展羔羊肉生产的有效途径。截至 2009 年，寒杂羊存栏达 19.5 万只。其寒杂羊外貌特征：小脂尾，尾长不超过飞节，尾尖向上弯。公羊有螺旋形角，母羊半数有小角。头、颈中等长，鼻梁稍隆起，耳中等大小而下垂。头部有黑褐色斑点，多集中于眼圈、耳尖、嘴头。前后躯发育较匀称，大部分背腰平直，四肢较长，蹄质坚实，被毛白色（见彩图 10、11）。成年公羊平均体重 55.78kg，母羊 49.53kg，3 月龄断奶公羔羊平均体重 20.46kg，母羔 18.48kg。3 月龄公羔屠宰前活重 21kg，宰后胴体重 10.23kg，屠宰率为 48.67%。6 月龄公羔屠宰前活重 29.2kg，宰后胴体重 13.86kg，屠宰率为 47.46%。为发展羔羊肉生产奠定了基础。

### （四）湖羊

主要产于浙江省西部，江苏省南部的太湖流域地区。该羊具有繁殖力强，性成熟早，四季发情，早期生长发育快，并以初生羔羊皮水波状花纹美观而著称，为优良的羔皮羊品种。湖羊头型狭长，耳大下垂，眼微突，鼻梁隆起，颈细而长，公、母羊无角，体躯长，胸部较窄，四肢结实，母羊乳房发达。小脂尾呈扁圆形，尾尖上翘，被毛白色，初生羔羊被毛呈美观的水波花纹，成年羊腹部无覆盖毛。体重平均周岁公羊为 35kg，母羊为 26kg，成年公羊为 52.36kg，母羊为 39.87kg。剪毛量平均公羊为 1.5kg，母羊为 1.0kg，毛长 12cm，净毛率 55%。产肉性能，公羊宰前活重为 38.84kg，胴体重 16.9kg，屠宰率 48.51%，母羊相应为 40.68kg、20.68kg 和 49.41%。在正常情况下，母羊 5 个月龄性成熟，成年母羊四季发情，大多数集中在春末初秋时节，部分母羊一年两产或两年三产，产羔率随胎次而增加，一般每胎产羔 2 只以上，产羔率在 245% 以上。湖羊是发展羔羊肉生产和培育肉羊新品种的母本素材。

### 三、何谓杂种优势?

杂种优势是指两个没有亲缘关系的亲本或品种间的交配，其产生的后代某些数量性状的平均数介于亲本间或超过亲本间的平均数，表现了良好的生长优势和适应性。在肉羊生产中，利用杂种优势的目的就是获得更快的生长速度，更高的产肉量，更大的经济效益。但在利用杂种优势的过程中，杂种公、母羊均不能作为种用，适用于商品生产。

### 四、如何利用肉羊杂交技术?

在肉羊生产中，杂交是获得最大产出率的手段之一。利用杂交可以改良生产性能低的原始品种，也可以利用杂交获得最佳的经济产品。世界各国采用杂交方式进行肉羊生产，通过杂交，可以提高繁殖率、饲料转化率、生长速度、羊肉的质量等，使肉羊生产获得更大的经济效益。

由于杂交的目的不同，杂交方法也不同，杂交可分为级进杂交、育成杂交、二元杂交、多品系杂交等。

#### （一）级进杂交

级进杂交是利用某一优良品种公羊与另一低产品种母羊杂交，所产的后代杂种母羊，继续用同一品种公羊杂交，直到杂种羊在外貌和生产性能方面，与改良品种没有什么区别为止，称为级进杂交。例如，固原地区当地绵羊（群众称土种羊）体小，繁殖力低，年产 1 胎，胎产 1 羔，产羔率为 103%，为提高繁殖性能和产肉力，20 世纪 90 年代中期引进我国肉裘兼用、多胎、多产地方优良绵羊品种小尾寒羊，与当地绵羊级进杂交，杂交到三代停止（见图 1-1）。

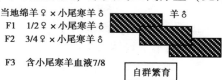

当地绵羊♀ × 小尾寒羊♂　　　　　　羊♂
F1　1/2♀ × 小尾寒羊♂
F2　3/4♀ × 小尾寒羊♂

F3　含小尾寒羊血液7/8　　自群繁育

图 1-1　小尾寒羊与当地绵羊杂交

上述级进杂交方法，通过试验表明，小尾寒羊杂种羊（简称寒杂羊）的繁殖性能，比本地绵羊显著提高，寒杂一代平均产羔率为136.84%，寒杂二代母羊平均产羔率为192.19%，寒杂三代母羊产羔率平均203.57%，繁殖胎次由年产一胎为普遍两年三胎，产羔比当地绵羊增加1.9倍。群众经10多年自发性开展与当地绵羊杂交改良，截至2009年，寒杂羊存栏达19.5万只，占到绵羊总数的68.9%，不但繁殖性能有显著提高，而且体重也明显大于当地绵羊，寒杂二代 3

月龄羔羊平均体重 19.47kg，育成母羊 41.79kg，成年母羊 49.53kg，分别比同龄当地绵羊提高 3.2kg、3.65kg 和 5.74kg，取得了显著的改良效果（见彩图 10、彩图 11）。

**（二）育成杂交**

育成杂交是利用两个或两个以上各具特色的品种进行品种间杂交，创造新品种的杂交方法。只用两个品种杂交培育的新品种称简单杂交，用三个或以上品种杂交育成新品种称为复杂育成杂交。育成杂交的目的是在于用杂交的方法将两个或两个以上品种的优点结合在一起，以创造新的生产力，更理想的品种。

在育成杂交中，一般可以分为 3 个阶段。第一个是杂交阶段，主要任务是开展有组织的杂交工作，在产生大量的杂种后代中，选择理想的杂种羊个体。第二是横交固定阶段，对已选择的理想型杂种羊后代公、母羊进行自群繁育，保持和固定已获得的理想类型，在横交中出现不符合育种要求的羊只严格淘汰，使之具有较稳定的遗传性。第三是发展提高阶段，当符合育种目标的理想型羊达到一定数量，可以称为品种群，这时应积极发展数量和质量。

**（三）二元杂交**

二元杂交是指两个品种或品系之间的杂交。主要用生产性能优良的肉用品种做父本，生产性能低的当地羊做母本，杂交一代羊育肥进行肉羊生产。国内常用无角陶赛特羊、萨福克羊、特克塞尔羊、夏洛莱羊做父系，以小尾寒羊做母系，或本地绵羊为母本，生产二元杂交肥羔。固原地区利用国内多胎性小尾寒羊公羊与当地母羊杂交，杂种一代公羊直接育肥，杂交一代母羊再与小尾寒羊公羊杂交，充分发挥了二代杂种优势，其二代母羊产羔率达 192.19%，比当地羊产羔率 103% 提高 89.19%，产羔由年产一胎为普遍两年产 3 胎，年平均比当地羊增加 1.9 只羔羊，而且 3 月龄公母羔羊平均体重 19.47kg，比当地羊同龄羔羊 16.32kg 增重 3.16kg，提高 19.36%，是发展羔羊肉生产的有效途径。

**（四）多品系杂交**

国外在绵羊肥羔生产中广泛采用多品种杂交，如澳大利亚和新西兰采用三品种杂交生产肥羔，终端品种以南丘羊和有角陶赛特羊作父本；美国肉羊生产中采用三品种或四品种生产肥羔，以萨福克羊、汉普夏羊等品种作为终端父本。但各国的肥羔生产方式不同，都是根据本国或本地区的自然环境、品种资源等情况，选择早熟、生长快、体格大的品种做父系，选择繁殖力高，母性强的品种做母系，通过杂交来生产优质羔羊肉。我国在肉羊生产中也采用三品种杂交，选择具有早熟、体型大、繁殖力高、生长发育快等特点的无角陶赛特羊作第一父本，与小尾寒羊杂交，其杂交一代（F1）具有体格大、繁殖率高、泌乳性能好等特点。杂种一代公羔直接育肥，杂种一代母羊再与初生重大、前期生长快、体重大，瘦肉率高的肉用品种（如夏洛来羊或特克塞尔羊）公羊（终端父本）杂交，杂交二代（F2）全部用作肥羔生产。

宁夏固原地区利用引进的优良肉用品种无角陶赛特羊、特克塞尔羊、萨福克羊、夏洛莱羊公羊与小尾寒羊杂种羊（简称寒杂羊）母羊杂交，试验结果证明，无角陶赛特羊与寒杂羊母羊杂交，母羊的产羔率为186.1%，陶杂一代3月龄和6月龄公母羔羊平均体重分别为24.17kg和37.69kg，比寒杂羊同龄羔羊增重4.74kg和7.67kg，提高24.14%和25.59%，陶杂一代公羔直接育肥，陶杂一代母羊再与夏洛莱羊公羊"终端"杂交，杂交二代（F2）全部用作肥羔。据试验表明，终端二代3月龄公母羔羊平均体重为27.5kg，6月龄为40.06kg，比陶杂一代同龄羔羊增重3.3kg和2.37kg，分别提高13.6%和6.3%。陶杂一代母羊的产羔率为185.71%，不仅获得较多羔羊而且羔羊继承了亲代体大、健壮、肉用性能好、生长发育快的特点（见彩图9、10）

### 五、经济杂交中父母品种怎样选择？

#### （一）父本品种的选择

在经济杂交中应选择肉用性能好，早熟，生长发育快的品种。如我国已从国外引进的无角陶赛特羊、特克塞尔羊、萨福克羊、德国肉用美利奴羊、夏洛莱羊等肉用绵羊品种和波尔山羊品种，这些品种可以作为经济杂交的父本品种。

在选配中应该考虑父本的肉用特点，适应性和繁殖性能，对繁殖力低的地方品种可选用国内繁殖力高的品种与之杂交，杂交后代再用肉用羊品种作终端父本进行三元经济杂交，可获得较好的产肉性能。

#### （二）母羊品种的选择

母羊品种应从当地品种或群体为基础进行经济杂交。因当地品种具有很好适应性，同时便于组织较大规模生产。母本品种包括地方品种、杂交种（如绵羊中的细毛羊杂种羊、小尾寒羊的杂交种）、培育品种等。在经济杂交中的母本应选择高繁殖力，但高繁殖力的绵羊品种不具备高产肉性能，应利用产肉性能好，早熟，生长发育快的肉用品种作父本杂交，可获得较好的产肉性能。对于低繁殖力的绵羊品种，应考虑采用三元经济杂交，选用国内高繁殖力绵羊品种杂交，杂交种再用肉用羊品种作"终端"父本，以弥补其肉用性能缺陷。

## 第四节　山羊的类型与品种

现在家养的山羊，是在 8 000 多年前由野生山羊驯化而来的。目前世界上约有 6.7 亿只山羊。山羊由于不苛求饲养管理条件，所以比绵羊更能适应各种生态环境，分布地域非常广泛。按照产品的经济用途，它可分为奶用、绒用、羔裘皮用、毛用、肉用和普通山羊等类型。

我国的肉用山羊品种很多，如陕南白山羊、槐山羊、马头山羊、成都麻羊、福清山羊等，大多分布在长江以南的亚热带地区。目前，农业部推荐的四种肉用山羊新品种为波尔山羊、成都麻羊（四川铜羊）、南江黄羊和马头山羊。

### 一、陕南白山羊

产区南为巴山、北靠秦岭，分布在陕南各地，当地俗称狗头羊。陕南白山羊体格较大，公、母羊多无角，有髯，颈短粗，背腰平直，体躯呈长方形，被毛多为白色，四肢短。成年公羊体重 33kg，母羊 27kg。羔羊生长发育快，性情温驯，早熟，易肥育。羯羊屠宰率 50% 以上，净肉率 40%，肉质鲜嫩。繁殖率高，一胎多羔，产羔率 259%。板皮是制革的好原料。

### 二、马头山羊

为全国羊品种资源调查中新发掘的优良肉用型山羊品种。因该羊无角、头似马头，群众称马羊而定名，被农业部列为"九五"期间国家重点推广的羊良种之一。

马头山羊体型高大，躯体较长，胸部深厚，胸围肥大，行走似马。一般周岁羊体重 25～30kg；成年公羊体重 40～50kg，重的可达 60kg 以上；一般成年母羊体重为 35～40kg，重的可达 55kg。马头羊繁殖率强，一般在 6～7 月龄开始配种，产后第一次发情为 18～24d，持续 2～4d，发情周期为 17～21d，平均为 18d。怀孕期为 147～151d；一般二年三胎或一年二胎，每胎产 1～4 羔，平均胎羔 1.83 只。

马头羊山屠宰率高，母羊出肉率为 49.3%，羯羊可达 53.3%，且脂肪分布均匀，肉质细嫩，味道鲜美，膻气小、蛋白质含量高，脂肪和胆固醇含量很低。马头山羊卷羊肉是我国出口创汇的拳头产品，在国际市场上享有很高声誉，远销伊拉克、叙利亚、黎巴嫩和科威特等国家。马头山羊皮张质地柔软，皮质洁白、韧性强、张幅面积大、用途广、经济价值较高。

马头山羊适应性广、合群性强、易于管理，丘陵山地、河滩湖坡、农家庭院、草地均可牧养。表现良好，经济效益显著。

## 三、成都麻羊

分布于四川成都平原及其附近丘陵地区，目前引入到河南、湖南等省。是南方亚热带湿润山地丘陵补饲山羊，为肉乳兼用型。成都麻羊具有生长发育快、早熟、繁殖力高、适应性强、耐湿热、耐粗放饲养、遗传性能稳定等特性，尤以肉质细嫩、味道鲜美、无膻味及板皮面积大、质地优为显著特点。

### （一）外貌特征

头中等大小，两耳侧伸，额宽而微突，鼻梁平直，颈长短适中，背腰宽平尻部倾斜，四肢粗壮，蹄质坚实。体格较小、被毛深褐、腹下浅褐色，两颊各具一浅灰色条纹。具黑色背脊线。肩部亦具黑纹沿肩胛两侧下伸。四肢及腹部毛长。

### （二）生产性能

成年个体体高 0.59～0.68m、体长 0.63～0.65m、胸围 0.70～0.81m、体重 29～39kg。屠宰率为 46.9%～51.4%。性成熟 4～5 月龄，12～14 月龄初配，常年发情，每年产两胎，妊娠期 142～145d，一产的产羔率为 215%。母羊泌乳期为 5～8 个月，共产乳 70kg 左右。成都麻羊的板皮致密、张幅大、弹性好、板皮薄、深受国际市场欢迎。

## 四、南江黄羊

四川铜羊和含努比羊基因的杂种公羊，与当地母山羊及引入的金堂黑母羊进行复杂育成杂交，经过长期的选育而成的肉用型山羊品种，产于四川省南江县。南江黄羊由四川省南江县畜牧局等 7 个单位联合培育，1995 年 10 月 13 日经过南江黄羊新品种审定委员会审定，1996 年 11 月 14 日通过国家羊遗传资源管理委员会羊品种审定委员会实地复审，1998 年 4 月 17 日被农业部批准正式命名。南江黄羊不仅具有性成熟早、生长发育快、繁殖力高、产肉性能好、适应性强、耐粗饲、遗传性稳定的特点，而且肉质细嫩、适口性好、板皮品质优。南江黄羊适宜于在农区、山区饲养。

### （一）外貌特征

南江黄羊被毛黄色，毛短而富有光泽，面部毛色黄黑，鼻梁两侧有一对称的浅色条纹，公羊颈部及前胸着生黑黄色粗长被毛，自枕部沿背脊有一条黑色毛带，十字部后渐浅；头大适中，耳大长直或微垂，鼻微拱，有角或无角；体躯略呈圆桶形，颈长度适中，前胸深广、肋骨开张，背腰平直，四肢粗壮。

### （二）生产性能

南江黄羊成年公羊体重 50～70kg，母羊 34～50kg。公、母羔平均初生重为 2.28kg，2 月龄体重公羔为 9～13.5kg，母羔为 8～11.5kg。

南江黄羊初生至 2 月龄日增重公羔为 120～180g，母羔为 100～150g；至 6 月龄日增重公羔为 85～150g，母羔为 60～110g；至周岁日增重公羔为 35～80g，母羔为 21～36g。南江黄羊 8 月龄羯羊平均胴体重为 10.78kg，周岁羯羊平均胴体重 15kg，屠宰率为 49%，净肉率 38%。

南江黄羊性成熟早，3～5 月龄初次发情，母羊 6～8 月龄体重达 25kg 开始配种，公羊 12～18 月龄体重达 35kg 参加配种。成年母羊四季发情，发情周期平均为 19.5d，妊娠期 148d，产羔率 200% 左右。

### 五、波尔山羊

波尔山羊原产于南非，世界著名肉用山羊。成年公羊体重 90～110kg，母羊体重 65～70kg。母羊全年发情，母羊周岁开始配种，初产母羊产羔率 160%，经产母羊产羔率 220%，出生重 3.2～4.3kg，断奶前日均增重 190～229g，3 月龄重 20kg，6 月龄重 34kg，屠宰率周岁 52%，成年达 60%。肉质细嫩，脂肉相间。体躯呈桶状，肌肉发达，被毛白色，仅头颈部为红褐色，但鼻额部为白色。

### 六、中卫山羊

中卫山羊又名沙毛山羊，是世界上珍贵而独特的裘皮山羊品种，唯我国独有。它产于宁夏回族自治区的中卫等县。

中卫山羊毛色大部分为白色，体型近似方形。公、母羊均有角和髯，体躯窄短，四肢短小。成年公羊体重 30～40kg，成年母羊体重 25～35kg。屠宰率 46.4%，产羔率 106%。

中卫山羊羔羊生后 35d 左右屠宰，剥取的二毛皮花穗美观，毛股长达 7～8cm，洁白美观，光泽悦目，轻便，不黏结，可与滩羊二毛皮媲美。但手摸时较滩羊二毛皮粗糙，故称沙毛皮。

### 七、普通山羊

我国各地的山羊品种虽然很多，但大部分品种没有专门的生产方向，属于肉、皮、绒兼用品种，生产性能都不特别突出，如山东的沂蒙黑山羊和白山羊。

### （一）沂蒙黑山羊

主要分布在鲁中南山区的沂山、蒙山、鲁山、泰山等地，属于肉绒兼用品种。

沂蒙黑山羊头短额宽，颌下有髯。公、母羊大多有角，颈长、胸深、肋圆，背腰平直，四肢粗壮，蹄质坚实。据临朐县资料，成年公羊体重 33～40kg，母羊 25～26kg。每年抓绒一次，平均产绒量 140g，产粗毛 210g。产羔率 120% 左右，屠宰率 47%～50%。该羊适应性强，善于登山爬坡。

### （二）白山羊

遍布山东全省，以鲁北的德州、滨州、东营等地居多，属于皮肉兼用品种。

白山羊体格中等，头大小适中，胸宽背平，四肢粗壮。公、母羊大多有角有髯，公羊角呈三棱形，向后上方生长，母羊角呈镰刀形。据垦利县资料，成年公羊体重 45～63kg，母羊 25～63kg。该羊繁殖力强，年产两胎或两年三胎，平均产羔率 231.1%，屠宰率 39.75%，净肉率 31.62%。白山羊所产白猾子皮和板皮，质地良好，为传统出口物资。

# 第二章
# 肉羊对饲草料的利用与加工调制技术

　　饲草、饲料是养羊业的物质基础，羊所需要的各种营养物质必须从饲料中供给。根据饲草、饲料的营养特点进行加工调制，尤其是农作物秸秆，粗纤维含量高，体积大，消化率低，营养严重不平衡，只能提供部分能量及其他营养物质，通过青储、酶储、微储、氨化等加工调制后，改善适口性，提高了饲草转化率。因此，要了解不同饲料的性质和营养特点，进行饲料加工调制，以便在生产中合理利用。

## 第一节　青绿饲料的营养特点及加工调制

### 一、什么是青绿饲料?

　　青绿饲料是指青绿、鲜嫩、柔软多汁、富含叶绿素、自然水分含量高的植物性饲料，主要包括新鲜的天然牧草、人工栽培牧草、青饲农作物、青绿菜叶、树叶及嫩枝、鲜嫩的藤蔓等均属青绿饲料。

### 二、青绿饲料有何营养特点?

　　青绿饲料共同特点是青绿、鲜嫩、柔软多汁、富含叶绿素、营养丰富全面，适口性好，消化率高（牛羊等反刍动物为75%～85%），利用率高，是一种营养相对平衡的饲料。以干物质计，粗蛋白含量一般为10%～20%，必需氨基酸全面，因此，蛋白质品质好。维生素含量丰富，特别胡萝卜素，每千克中含50～80mg，高于其他任何饲料。钙、磷比例合适，易被吸收利用。但青绿饲料含水分高达75%～90%，干物质含量低，饲喂奶山羊和快速生长羔羊一般能量不足，需补饲一定量的谷物饲料。

### 三、青绿饲料为什么要加工调制？

青绿饲料在喂羊前要加工，便于采食和减少浪费。需要加工的青绿饲料主要是刈割的野生牧草和人工栽培牧草。其加工方法主要是用铡刀铡短，长度一般为3～6cm。对某些有苦、涩、辣或其他怪味的青绿饲料需采取冷水或温水浸泡4～6h后弃水，再与其他饲料混合饲喂，以改善适口性，提高营养价值。

### 四、饲喂青绿饲料注意些什么？

饲喂豆科青绿饲料（如青苜蓿），要注意防止饲喂不当引起羊瘤胃膨胀，不要喂有露水的刈割豆科青饲料和幼嫩的豆科饲草，最好和禾本科青草或其他干草混合饲喂，使羊逐步适应采食青绿饲草。

有些青绿饲料，如饲用甜菜的茎叶、萝卜叶、油菜叶等含有硝酸盐，在瘤胃细菌作用下产生有毒的亚硝酸盐，导致羊只中毒，对此应予注意。

某些青绿饲料，如高粱苗、玉米苗、马铃薯幼芽、南瓜蔓、三叶草、亚麻叶、木薯叶等含有氰苷糖体，在堆放过程中发霉或经霜冻枯萎过程中，在特殊酶的作用下将氰苷水解释放出氢氰酸。羊采食上述青饲料后在瘤胃微生物作用下，将氰苷和氰化物分解为氢氰酸，引起羊中毒。

## 第二节　青储饲料的营养特点及调制技术

### 一、什么是青储饲料？

青储饲料是将青绿多汁饲料切碎装入青储窖（池）中压实密封，经过乳酸发酵制成的气味芳香，柔软多汁，营养丰富，易于保存的一种饲料。

### 二、青储饲料有何营养特点？

青绿饲料经青储后，有效地保存了青绿植物的青鲜状态，并且提高了饲料的品质，质地变软，气味芳香，能增进食欲。在青储制作过程中，营养物质损失少，一般不超过10%。在良好的青储料中，粗蛋白中非蛋白氮较多，除糖外，碳水化合物几乎保持不变。糖转化具有美味和营养的乳酸，可以提高羊的适口性和消化性，并促使粗料和精料中所含的营养物质更好地利用。

### 三、青储饲料有什么优点？

宁夏固原地区冬春季节枯草期长达半年以上，制作的青储饲料是克服冬春青饲料缺乏的重要途径，也是肉羊常年舍饲饲喂的优质饲料。

制作青储饲料的饲料种类很多，除有毒植物外，所有青饲料包括茎秆粗硬，适口性差的带青秸秆均可制作青储料。

青储饲料能有效的保存青绿植物水分，不致损失，这些水分对羊的消化生理和过程均具有重要意义。

青饲料在青储过程中，通过密封缺氧和高酸度环境能杀死寄生在植物茎叶上的害虫和虫卵，同时青储过程中也能消除亚硝酸盐和氢氰酸及其他有害物质。

青储饲料所占空间比干草少，而且可长期保存，有利于调节年份间饲料不平衡。

## 四、储藏青储饲料的要求如何？

储藏青储料的建筑种类有青储塔、青储池、青储窖等，根据固原地区实际情况采用青储池、青储窖，青储窖的大小根据养羊数量而定。建青储窖（池）要选择地势高燥，土质坚硬，排水要好，坚固耐用，便于装窖（池），便于取用。一般农户建长 4.0m，宽 1.5m，深 1.5m 的池子，这一池可供养 5 只羊所需的草量（1m³ 窖池容量为 600～800kg 原料）。建设青储池时先挖池，然后用砖衬砌池壁，没有条件时也可在挖好土池铺塑料膜的方法进行。

## 五、制作优质青储饲料有什么要求？

### （一）原料的准备

青储饲料收割后，要及时拉运到青储现场（装储量与收割量应保持平衡，过多易造成堆积霉烂变质）。最常用的、数量大的、容易青储的原料是饲用玉米全株青储和收获籽实后的带青秸秆。豆科牧草青储的难度较大，应在有关技术人员具体指导下进行操作。

### （二）青储原料含水量的调节

常规青储时原料的含水量应在 65%～70% 较为合适。含水量过高的饲料，可在刈割后晾晒 4～6h 失水后青储；水分含量过低的饲料，应适当加水青储，否则不易压实，导致青储发霉，提高含水量，保证青储成功。

青储原料水分含量可通过手握法估测含水量。抓一把铡碎的青储原料用力紧握 1min，如手指缝有水滴出现，其含水量在 75%～85%；如紧握后松开手，原料仍为球形，手被湿润却无水滴，则含水量在 65%～75%；手松开后，原料球慢慢膨胀，手上不湿，其含水量在 60%～67%；松开手后原料球立即膨松其含水量在 60% 以下。

### （三）青储饲料制作方法

**1. 铡短**

青储原料铡短的目的在于压实和便于取用。喂羊的青储原料铡成 1～2cm 短节。一般以细短为宜，有利于压紧踩实排出空气，增加青储料的密度，抑制好氧微生物的活动，为乳酸菌的活动创造良好的厌氧环境，同时通过铡短，压破秸秆，使植物细胞渗出表面，利于乳酸菌繁殖。

**2. 装填窖（池）**

将铡短的青储玉米秸秆分层装窖（池），每层 20cm 左右，青储原料填装一般要求短时间内完成（1～2d），填装时间越短，青储质量越好。填装之前窖（池）底铺一层塑料膜，再铺一层厚 10～15cm 切短的软草或细软秸秆，以吸收青储料渗出的汁液。窖（池）四壁衬一层塑料薄膜并高出窖（池）口 20cm，均匀装填踩踏压实，特别是四壁与四角更注意压紧压实，以后每加一层压实一层，应连续装填不能间断，直到装出高于池窖沿 0.5m 并压实，整理好周边，上面用较厚的聚乙烯塑料膜覆盖，四周用土压实。膜上先铺废草（柔软），再盖上 0.3～0.5m 厚的湿土。青储完毕要在窖四周挖排水沟，以防积水渗入，影响青储质量。

## 六、如何鉴别青储饲料的品质？

### （一）开取

青储饲料一般在封窖（池）40～60d 后即可完成发酵过程，可开窖取用。饲用多少取多少，不可过夜。取用时应从窖的一端的横断面垂直方向自上而下切取，取后仍将窖口盖严压实，切忌全面打开，防止二次发酵造成发霉腐烂。

### （二）青储饲料品质鉴定

青储开窖首先鉴定青储饲料的好坏，然后再开始喂羊。鉴定方法：一是观察颜色，优质饲料颜色为绿色或黄绿色，黄褐色或暗绿色品质中等；褐色和黑色品质下等。二是测水分，优质青储饲料的水分含量为 60%～70%，即用手捏成团撒开即散，品质优良；若捏成团不易散开，黏滑、结块或腐烂则不宜饲用。三是闻气味，青储料具有芳香味和酒香味品质优良；酸味强烈，酒香味不浓则意味着含酸较多，品质中等；酸味很淡，有腐败的臭味，则品质不良，不能饲用。

## 七、青储饲料如何饲喂？

青储饲料开始喂羊时不习惯采食，经过短期训练会慢慢习惯。其方法是在羊空腹时先喂少量青储饲料，然后再喂其他饲料。或用混合精料拌和饲喂，引导羊

采食，经过几天训喂慢慢增加喂量。青储虽然是较好饲料，但饲喂中不能用青储代替全部饲料，一般成年羊日喂 2～4kg，羔羊 0.5kg，分 2 次饲喂，喂量过多会降低干物质的采食量。对妊娠母羊的喂量要适当，一般喂量 0.5～1kg 为宜，母羊在产前产后 1～2 周尽量不喂或少喂，防止引起流产和腹泻。

青储饲料霉烂变质的不能用来喂羊，冬春寒冷季节青储饲料容易结冰，应待冰融化后再喂羊。

## 第三节　青干草营养特点及调制技术

### 一、青干草有哪些营养特点？

适时刈割的豆科和禾本科青干草，保持了青饲料营养成分，以代替青饲料，是枯草季节最优质的饲料。与精料相比，青干草具有青饲料的基本特点，其营养物质的含量比较平衡，尤其是苜蓿等豆科青干草中营养物质含量丰富，按干物质含量计算，无氮浸出物为 30%～40%，消化能含量为 9～10MJ/kg，粗蛋白含量在 12%～15%，钙含量达 1.29%，维生素 K18～25mg。禾本科如大燕麦青干草和大麦青干草，其无氮浸出物含量在 40%～50%，比豆科青干草高，粗蛋白含量在 6%～8%，钙含量为 0.2%～0.3%，比豆科青干草低，消化能浓度为 8～9MJ/kg。

### 二、适于调制青干草的饲料有哪些种类？

凡无毒害、无污染的天然牧草，以禾本科为主，其次是豆科、莎草科和菊科。人工栽培调制的包括豆科青干草和禾本科两大类。一是豆科青干草有紫花苜蓿青干草，红豆草青干草，三叶草青干草，草木樨青干草及豆类作物青干草。其中紫花苜蓿种植面积大，产量高，品质好，适口性好，被称为牧草之王。二是禾本科主要的以大燕麦青干草为主，其次是大麦青干草。

### 三、如何掌握牧草刈割期？

刈割期对牧草的产量和营养价值有很大影响。为了保存青饲料营养成分，牧草刈割最适宜期，禾本科牧草在抽穗至开花期，豆科在孕蕾至开花初期，草地野生牧草在生长最旺盛时期。

### 四、调制青干草有哪些方法？

目前，调制青干草方法有自然干燥和人工干燥两类。国外采用人工干燥的国家已不少，我国以自然干燥为主，利用太阳光和风力蒸发青草中的水分。其特点是简便易行，成本低，不需要特殊设备，是最常采用的方法。

### （一）地面干燥法

将刈割的牧草原地或运送到地势高而干燥的地方进行晾晒，通常刈割的牧草晾晒4~6h，使其水分含量降到40%~50%。然后用搂草机或人工将草搂成草条，继续晾晒，直到水分降到35%~40%。再将牧草堆成小堆，要保持草堆松散通风，直到牧草完全干燥（水分降到14%以下）。晾晒牧草应选择晴天，防止雨淋变质。豆科牧草在调制过程中叶片及易脱落和损失，影响其质量。

### （二）草架干燥法

在晾棚搭建干草架，将刈割的牧草一层一层地放置在草架上，直至晾干。草架干燥有利于牧草水分散失，提高干燥速度，可避免太阳暴晒造成营养物质损失，特别是胡萝卜素的损失，不用翻草集堆，也不会遭雨淋。此法适合于空气干燥的地方或干燥季节调制干草，要求棚内通风良好。

以上两种干燥法，从营养角度讲，地面晒制的青干草可消化粗蛋白损失在20%~50%，草架上晾制的青干草可消化粗蛋白损失15%~20%，我们应采取架上晾制为好。

## 第四节　秸秆秕壳类饲料营养特点及调制技术

### 一、什么是秸秆秕壳类饲料？

农作物秸秆和秕壳饲料也叫藁秕类饲料，包括禾本科和豆科饲料两大类。禾本科农作物秸秆主要包括玉米秸、小麦秸、大麦秸、高粱秸、稻草和糜谷秸等；豆科农作物秸秆包括大豆秸，蚕豆秸、豌豆秸等。

秕壳饲料是指农作物在收获脱粒后，除去秸秆外的副产品，包括籽实的外稃、荚壳，部分瘪籽等。

### 二、秸秆类饲料有什么营养特点？

秸秆类饲料容积大，适口性差，资源丰富，价值便宜，是肉羊的主要粗饲料。这类饲料的特点是总营养价值和蛋白质含量低，豆科粗蛋白含量为8%~9%，禾本科为4%~6%，粗纤维含量为25%~60%，而木质素多，消化率低，营养严重不平衡，只能提供部分能量及其他营养物质，所以不能单独作为肉羊的饲粮，必须补充一定量的青饲料、青干草及谷物能量饲料和蛋白质饲料。

### 三、如何制作秸秆酶储饲料?

酶储饲料就是在农作物秸秆中加入饲料酶制剂,再将其装入到池、窖或专用饲草袋中密封储存,经一定时间的发酵,调制成羊喜食的秸秆饲料。

#### (一) 酶储饲料制作技术

1. 窖、池准备

要制作酶储饲料应选择地势较高,且干燥的地方挖长方形或圆形的池、窖,池窖大小根据羊只饲养数量多少而定,如饲养 20~30 只羊,需挖一个 5m³ 的双连池为宜(宽 1.5m×深 2m×长 2m×2),挖好后用"2×4"砖衬砌,然后用水泥浆粉抹池底及四壁,厚度为 5cm 为宜,若无砖衬砌,可在土池铺塑料膜的方法进行酶储。

2. 秸秆准备

供酶储原料应选择干净,未霉变的玉米秸秆、麦秸、稻草等作物秸秆,调制前用铡刀加工成 1~2cm 的草秸。

3. 如何制作酶储

将 1kg 饲料酶、6kg 食盐、10kg 玉米面或麸皮,可制作 1 000kg 秸秆。制作方法是,将秸秆放在平坦的地方(如水泥地或铺塑料膜),把饲料酶、盐和麸皮混合好,然后均匀地撒在秸秆中,再喷洒 1:1~1:4 的清水,使含水率达到60%~70%,或者将饲料酶、食盐制成水溶液均匀撒在秸秆上,充分拌匀。

4. 秸秆含水率必须达到 60%~70%,在酶储制作时,含水率是否合适随时检查,用手抓一把秸秆用力捏,挤出水而不下滴合适,往下滴含水量过多,挤不出水含水量不足,不足时要适量补充水,过多应加入干秸秆。

5. 将拌好的秸秆装池、窖时要求压紧、踩实,特别是对四角和周边踩踏越实越好,每层铺 10~20cm 就踩踏一次,以此类推,直到装出高于池、窖沿 0.2m以上,然后用塑料膜封口,再用湿土密封,保证池、窖不再进入空气、水,以免造成二次发酵霉变。

#### (二) 酶储何时出池能饲喂

酶储饲料何时能利用,这应根据外界温度而定,一般 5℃ 以下,需 8 周以上;6~20℃ 需 4 周;20℃ 以上需 1 周。

肉羊饲喂量及饲喂方法:应从少到多,逐渐增加喂量,其方法先空腹喂少量的酶储饲料,然后再喂其他饲料,经几天训喂增加喂量。通过训喂适应后,每天每只成年羊喂 1.5~2kg。

取酶储草时,池口要小,从一角开始,从上到下逐层取用。每次取料量以当天喂完为宜，取后应立即盖严，以免雨水渗入二次发酵变质。

### （三）酶储饲料质量鉴别

酶储饲料应在开池、窖时就鉴定质量，如质地松软，有酸香味，颜色呈金黄色（青玉米秸秆为青绿色）质量就好，颜色呈褐色者质量较差，发灰（霉变）不可饲喂。

### （四）酶储有什么特点

秸秆经酶储处理后，可使粗硬的秸秆变得松软，具有一定的酸香味，能刺激羊的食欲，增加采食量。

宁夏每年所产的玉米秸秆、麦草、高粱草资源丰富，来源广泛，都是用于制作酶储饲料的原料。

酶储饲料的制作不受季节限制，一年四季均可生产，但在严寒的冬季不宜制作。

酶储饲料制作过程中产生大量乳酸菌，抑制了腐败菌的繁殖和生长，从而使饲料可长期保存。

## 四、如何制作秸秆微储饲料？

秸秆微储是在秸秆中加入生物高效活性菌种，放入到窖、池密封储藏，经过一定的发酵，使秸秆变成具有酸香味，为反刍家畜喜食的粗饲料。

**微储饲料制作技术**

1. 修建储存窖、池

制作微储窖、池的标准基本与酶储饲料相同。

2. 微储原料的准备

微储饲料来源于农作物秸秆，制作微储的秸秆必须是当年、新鲜、干净、无霉变的秸秆，将秸秆铡短 1~2cm 或揉碎。

3. 复活菌种

每袋菌种（3g）可处理干秸秆 1t，配制方法是先配制 1% 的白糖水（温水充分溶解），再将菌种溶解于 200ml 浓度 1% 的白糖水中，充分溶解后，在常温下放置 1~2h，使菌种复活。

4. 配制菌液

将复活后的菌液，倒入 0.8%~1% 食盐水中搅匀备用。

5. 装窖

其方法与酶储制作方法相似，将秸秆从窖底装填，每层 30cm 厚，然后撒上少量麸皮或玉米面（约为秸秆重量的 0.5%），再喷洒菌液，使秸秆含水量达到

60%～70%（含水量的检查方法与酶储一样），随之踩实或压实，争取当天装满并封窖池。

**6. 封窖**

秸秆分层装填压实直到高出窖池口沿 30cm 以上并踩实，上面撒上食盐（250g/m²），以防最上层原料霉变，再用塑料薄膜盖严后，用细土覆盖 30cm 厚度均匀一致。

**7. 开窖**

微储饲料封窖后 30d 左右可完成发酵过程。开窖时应从窖的一端开取，先去掉覆盖土层，再揭开塑料薄膜，取料应从上往下垂直切取，取完后应将窖口封好，以免微储饲料接触空气时间太长而被氧化二次发酵。

**8. 评定微储饲料质量**

开窖取料看好坏，如黄玉米秸秆颜色为金黄色，如收籽后玉米秸秆是绿色，微储的色泽呈青绿色，并有醇香和果香味，具有弱酸味，此质量最好。若有强酸味，色泽呈褐色或墨绿色质量较差。若色泽发灰有腐败味、发霉味则不能饲喂。

**9. 饲喂方法**

刚开始喂羊有适应过程，喂量应由少到多，逐渐增加，训喂适应后，成年肉羊每天 1.5～2kg。

微储饲料喂肉羊适口性好，采食量高，安全可靠，增重快，是羊喜食的理想粗饲料，而且制作方便，一年四季均可制作，成本低廉，效益高，在肉羊生产中可普及推广。

## 第五节　籽实饲料的营养特点及应用

### 一、籽实饲料主要分为哪两大类？

植物籽实作为肉羊饲料，主要分为禾本科籽实和豆科籽实两大类，俗称五谷杂粮，是羊极为重要的补充饲料，对于消化机能尚未完善的幼羊是必需的饲料。

### 二、籽实饲料有什么营养特点及如何应用？

植物籽实饲料称精饲料，精饲料可分为能量饲料和蛋白质饲料两大类。

#### （一）能量饲料

能量饲料包括玉米、大麦、高粱、燕麦等谷类，这类饲料含有丰富的无氮浸出物，在 70% 以上，而且主要是淀粉，消化率高，有效能值高。蛋白质含量不高，按干物质计算，一般在 8.9% ~ 13.5%，氨基酸含量不平衡，缺少赖氨酸、色氨酸和蛋氨酸，粗纤维含量除大麦、燕麦、稻谷和粟带有颖壳在 10% 左右，一般都在 5% 以内。含钙量低，含磷量较高。含维生素 B 族丰富，尤其是维生素 $B_1$ 和维生素 E 更丰富，缺乏维生素 C 和维生素 D。

### （二）蛋白质饲料

作为蛋白质籽实饲料的主要有大豆、蚕豆、豌豆和黑豆等，这类饲料中大豆一般供食用和榨油，榨油后的副产品做饲料。大豆中含有一种抑制胰蛋白酶作用的抗酶物质，能降低日粮中蛋白质的消化率，所以，用大豆喂羊，应先将大豆煮（炒）一下，将抑制物破坏之后再喂羊，以提高蛋白质的利用率。蚕豆和豌豆蛋白质含量在 18% ~ 26%，粗脂肪含量低，为 1.5% 左右，无氮浸出物达 50% 以上，可压碎直接饲喂羊。

## 三、农产品加工的副产品有什么营养特点？

农产品加工的副产品，如麸皮、米糠以及豆饼，胡麻饼等各种饼粕。此类饲料大多属于精料范围，利用得当，可以节省籽实饲料，它们在营养物质含量方面各有所偏狭，需要特别注意的是在使用时应多种搭配，才能取长补短，充分发挥其作用。

### （一）粮食加工副产品—麸皮、米糠等

麸皮与米糠都是由籽实的种皮及大部分的胚和小部分的胚乳组成，营养价值高低随加工方法而定，营养特点为：

谷实胚乳中大部分的淀粉被提出，剩下的部分，主要为种皮，所以无氮浸出物比谷实要少，占 40% ~ 50%，与豌豆、蚕豆相近。

粗蛋白的数量与质量，均居于豆科籽实与禾本科籽实之间。

粗纤维含量比籽实多，占 10% 左右。

米糠中有较多的脂肪，达 13.1%，不饱和脂肪酸含量多，故不易储藏，特别在高温季节极易变质，变质后的米糠带有苦味，适口性差。

矿物质方面：磷的含量较多（1% 以上），但大多以磷酸盐形式存在，不能很好被动物利用。钙含量很少（0.1% 左右），钙磷比例很不平衡，饲喂时必须补充钙质，以求比例恰当。麸皮中含镁盐较多，有轻泻作用。

维生素中以维生素 $B_1$，烟酸及遍多酸含量较丰富。其他维生素缺少。

质地疏松，在消化道中不易结团，可改善日粮的物理性状。

### （二）榨油工业副产品—油饼、油粕等

我国油料作物种类很多，榨油后所产的副产品（油饼、油粕）也不同。东

北地区以大豆饼粕为主，西北地区以亚麻仁饼粕（胡麻籽饼粕）、菜籽饼粕、棉籽饼粕、葵花籽饼粕为主，这类饲料是家畜主要的蛋白质补充饲料。固原地区主要是亚麻仁籽粕（胡麻籽饼粕）为主，其含粗蛋白在 32% ~ 37%，含赖氨酸和蛋氨酸较少，色氨酸和苏氨酸含量较高，是肉羊较好的蛋白质饲料。但亚麻仁饼粕中含有亚麻配糖体，在亚麻酶作用下水解能产生有毒的氢氰酸，如喂生的或处理不充分的亚麻仁饼粕，可导致中毒。亚麻仁在榨油过程中经高温处理，不同程度地破坏了亚麻酶的活性，在反刍动物只要喂量适宜，一般不会发生中毒。另有葵花籽饼（渣），粗蛋白含量在 28% ~ 32%。由于脱壳不净，粗纤维含量在 20% 左右，有效能值较低。

## 第六节　多汁饲料的营养特点

### 一、什么是多汁饲料？

植物块根、块茎类在自然状态下，水分含量高，一般为 75% ~ 90%，故称它们为多汁饲料。这类饲料包括胡萝卜、甜菜、马铃薯等。

### 二、多汁饲料有什么营养特点？

块根、块茎类饲料，按干物质的组成与禾本科籽实相似，富含淀粉和糖类。粗纤维含量低，维生素含量多，质脆鲜嫩，消化率较高。如胡萝卜以干物质计算，每千克代谢能为 12.8MJ，属能量饲料。鲜红色胡萝卜含胡萝卜素 50 ~ 100mg，并含有较丰富的钾、磷、铁等元素，是肉羊冬春季节主要的维生素补充饲料。

马铃薯在宁夏种植较多，产量高，干物质中以淀粉为主，每 4kg 折合 1kg 谷实饲料，饲喂肉羊生熟价值相似，以生喂较好。但马铃薯幼芽含有龙葵素的配糖体，食之过多，可引起中毒。

# 第三章
# 肉羊的饲养与管理

## 第一节　羊的生活习性和消化特点

### 一、羊的生活习性

"羊性善群"，它们通过视、听、嗅、触等感官活动，传递和接受各种信息，保持和调整群体成员之间的活动，其合群性强于其他家畜。在自然群体中，羊群的头羊多是由年龄较大、子孙较多、体质较强的母羊担任，而尾随或掉队者，多为老、弱、乏羊。一般粗毛羊的合群性较强，细毛羊次之，长毛肉用羊最差。

羊嘴尖唇薄，舌灵齿利，上唇中央有一纵沟，下颚门齿向外有一定的倾斜度，对采食地面低草、小草、花蕾和灌木枝叶很有利，对草籽的咀嚼也很充分，素有"清道夫"之称。羊最喜食多汁、柔嫩、低矮、略有咸味或苦味的各种植物。要求草料洁净，凡被践踏、躺卧或粪尿污染过的草，一般避而不食。在半荒漠草场，羊的食草种类比牛多，对过分单调的饲草饲料最易厌腻，因此，民间认为"羊吃百样草"。一般粗毛羊喜吃"走草"，细毛羊及其他杂种羊常吃"盘草"。

"羊性喜干厌湿，最忌湿热湿寒，利居高燥之地"，说明羊的饲养地和栖息场所，都以高燥为宜。久居泥泞潮湿的地方，易患寄生虫和传染病，毛质降低，脱毛加重，腐蹄病增多。天然牧草中含钠量少，仅占日粮的 0.05% ~ 0.15%，远不能满足羊的需要。如长期缺盐，易造成口淡异嗜，喜食毛土，食欲不振。"羊性好盐，常以盐唻为妙"。"春不唻盐夏不好，伏天不唻不吃草"。所以，在饲养管理中，应把唻盐或舔碱作为调节食欲和防病保健的手段。

羊善游走，放牧羊日往返里程 6 ~ 10km。特别是山羊，更是喜欢跳跃登高，

崇山峻岭，悬岩峭壁，它都能涉足采食。在混群放牧下，山羊总是走在群羊前面或两侧。这是因为山羊性机警灵敏，活泼好动，听从指挥，绵羊则胆小怯懦，反应迟钝，易受惊吓。另外，羊有很强的适应性，如耐粗、耐渴、耐热、耐寒、抗病、抗灾荒等，同时也具有很强的哺羔能力。

## 二、羊的消化机能特点

### （一）结构特点

羊是小反刍家畜，有4个胃，前3胃总称前胃，胃黏膜无腺体组织。瘤胃呈椭圆形，占据腹腔左半部，容积达23.4L，黏膜为棕黑色，表面有无数密集的乳头。靠后的网胃又称蜂巢胃，为球形，容积2.0L，内壁分隔成很多网格，除机械消化作用外，还具有广泛的微生物分解消化食物。重瓣胃内壁有无数纵列的褶膜，容积0.9L，对食物进行机械的压榨作用。皱胃又称真胃，为圆锥形，容积3.3L，由胃壁的胃腺分泌胃液，主要是盐酸和胃蛋白酶，食物在胃液的作用下进行化学消化。

小肠是羊消化吸收营养物的主要器官，细长而曲折，长度17～34m，是体长的25～30倍，各种辅助消化酶（蛋白酶、脂肪酶和转糖酶）也在这里产生。当胃内酸性物质（包括菌体蛋白）进入小肠后，经过各种消化酶的化学性消化作用后，分解为各种简单的营养物质而被绒毛上皮吸收。尚未完全消化的食物，经蠕动而被推进到大肠。大肠长4～10m，主要功能是吸收水分和形成粪便。凡小肠内消化未尽的营养物质，也可在大肠微生物和小肠液带来的各种酶的作用下继续消化吸收。剩余残渣成为粪便，排出体外。山羊瘤胃较绵羊小，食物停留时间也略短，但山羊小肠的长度比绵羊稍长。

### （二）反刍特点

羊在短时间内能采食大量草料，经瘤胃的浸软、混合和发酵，随即出现反刍活动。先是逆呕一个食团于口中，反复咀嚼后再吞咽入腹，如此逐一进行。一日的逆呕食团数在500个左右。每次反刍时间40～60min，长者达2h。反刍的次数与时间的长短，与当日所食草料种类有密切关系。绵羊反刍时间约为放牧时间（8～10h）的3/4，为舍饲采食时间（3～4h）的1.6倍。

### （三）瘤胃消化

瘤胃是羊的一个高效率而又连续接种的供嫌气性微生物繁殖的活体发酵罐，在1g瘤胃内容物中有500亿～1 000亿个细菌，1ml瘤胃液中有20万～400万个纤毛虫，其中起主导作用的是细菌。用干草饲喂羊的试验表明：干物质总量的60%～63%是在瘤胃中进行消化的，其余37%～40%在以后的胃肠中完成。对粗纤维的消化率羊为 65％，牛为 55％，马为 30％，猪仅为 18％。

　　羊依赖瘤胃内的微生物作用，将碳水化合物中的 50％~80％ 的粗纤维分解消化成乙酸等挥发性脂肪酸，乙酸直接参加三羧酸循环。绵羊一昼夜分解碳水化合物形成乙酸等的数量高达 500g，可满足羊体对总能量需要的 40％。羊依赖微生物的作用，可将草料中非蛋白氮（尿素、氨化物）合成为高质量的氨基酸成分较完全的菌体蛋白。一般草料中，氨化物含量约占粗蛋白总量的 1/3 ~ 1/2。由瘤胃转移到真胃的蛋白质中，约有 82％ 属于菌体蛋白质。仅这一个来源，就能满足羊体基础代谢对蛋白质需要量的 30％~40％。另外，依赖微生物可在羊体内合成维生素 $B_1$、维生素 $B_2$、维生素 $B_{12}$ 和维生素 K 等，满足自身的需要还有余。

　　为了提高羊对粗纤维的消化利用效率和日粮的能量水平，就要设法进一步增强微生物群的活性。为了达到这一目的，应在高粗料日粮中，加入少量粉碎玉米或糖蜜等高能量饲料；在日粮中保证磷、硫、钠、钾、钴等矿物质元素的供应；在饲料中添加少量瘤胃素，可使丙酸水平提高 45％，利用效率提高 10％。

### （四）羔羊消化

　　初生羔羊瘤胃微生物群系尚未形成，还无消化粗纤维的能力，起主要作用的是第四胃，前三个胃的作用很小。羔羊所吸吮的母乳直接进入真胃，由真胃分泌的凝乳酶进行消化。随着日龄的增长和采食植物性饲料的增加，前三个胃的体积逐渐增大，约在 20 日龄左右开始出现反刍活动。此后，真胃凝乳酶的分泌逐渐减少，其他消化酶逐渐增多，从而对草料的消化分解能力开始加强。根据这一特点，对生后 7~10d 的羔羊，应开始补饲容易消化的精料和优质干草，以促进瘤胃发育和增强对饲料的消化能力。如能在精料中添加 25mg 抗生素（土霉素、磺胺类药物），可提高增重 11％。

## 第二节　肉羊舍饲

### 一、肉羊舍饲有什么特点？

　　舍饲养羊有两种形式，一种是由于我国草原"三化"严重，草原生态被破坏，为了恢复草原生态，促使当地政府改变饲养方式，由粗放的饲养管理向精细的科学的饲养管理转变。另一种，肉羊舍饲是主要的饲养管理方式，肉羊舍饲可常年提供羔羊肉，丰富了羊肉市场，增加农民收入。同时，舍饲也有利于肉羊业

向专业化、规模化、产业化方向发展，并实现养羊良种化，羔羊育肥杂种化，饲养管理科学化打下良好基础。肉羊舍饲饲养，除全年供给优质青干草和青储外，并能充分利用农作物秸秆和秕壳粗饲料，既能保护生态环境，发展生态农业，又能提高农副产品的利用率的特点。

## 二、舍饲养羊有哪些优越性？

### （一）舍饲养羊效益高

高繁殖力是发展肉羊业的一个重要经济性状。舍饲养羊品种要求母羊具有四季发情、多胎多羔，一般产仔两羔以上，保证两年产3胎，在饲草料条件优良的情况下，总效益高于放牧或半放牧半舍饲养羊业。

### （二）舍饲避免了"靠天养羊"难以扭转的恶性规律

仅靠采食天然草地牧草难以满足营养和生产的需要，尤其在冬春季节气候严寒、多变以及漫长枯草期营养不足，加之放牧又消耗体能"吃不饱也跑瘦了"，以致千百年"靠天养羊"形成羊只"夏壮、秋肥、冬瘦、春死"的难以扭转的恶性生产规律。由于舍饲养羊条件较优越，全年饲草料供应较均衡，繁殖和管理科技含量高，可使肉羊持续增长，减少疾病与死亡，加快周转，且全年任何时间都可提供产品。

### （三）提高了劳动生产率

舍饲养羊为千家万户少养精养，积肥增产，利用辅助劳力开展副业养羊，增加收益；同时，舍饲养羊的管理定额在有条件大发展地区，随着机械化、自动化和管理现代化水平的提高而增高，每个劳动者的生产增值将随成倍地优于放牧养羊而显示出来。

## 三、如何舍饲养好肉羊？

### （一）规模经营

养羊规模大小应因地因时条件而定，适度规模是普遍准则，根据固原地区农区条件，户饲养10只多胎多羔繁殖母羊占多数，多则饲养20~30只，也有40~70只，但超过80只以上者少见。农户以繁殖为主，规模宜小，饲养10~15只繁殖母羊全年收入达万元以上，往往规模较大效益不如少养精羊的农户。

### （二）饲草料生产与储备

做好饲草料生产与储备，这是舍饲养羊的最重要条件，要求每年始终保持精、粗饲料各有3种以上，并以优良粗饲料为主，如大燕麦、黑麦青干草、苜蓿青干草、全株玉米青储等；饲料储备以40~50kg活重肉羊计，每羊全年需鲜草或青储草 800 ~ 2 000kg，青干草、秸秆需 450 ~ 500kg，混合精料 150kg 不等（依粗饲料品质，羊的多胎性与年产频率、品种、生产性能高低及育肥期限长短等而定）；确保全年均衡地供给肉羊足够的优质日粮，特别要重视富含蛋白质饲料的供给。养羊户必须考虑种植玉米、苜蓿等，降低饲料成本是提高养殖肉羊效益的重要措施。紫花苜蓿是牧草之王，适时刈割制成的青干草，富含粗蛋白在 16% 左右，供全年饲喂。全株玉米青储饲料不仅可以补充青饲料的不足，而且成本低廉，便于储存，也可全年饲喂。种植多汁饲料如胡萝卜，其适口性好，胡萝卜素含量高，也是舍饲羊的补充饲料，易储存。

（三）实行科学饲养

肉羊的饲料营养的合理调配与供给，需要掌握肉羊生长阶段营养需要的特点，保证所需蛋白质、能量和其他营养物质供给，才能充分发挥其生产潜力，获得高效。在日粮中，除羔羊外，所有的羊以粗饲料为主，全年舍饲养羊青储饲料的供给是十分重要，它不仅能补充部分青饲料，还能降低饲料成本。成年羊每只日供给量 1.5 ~ 2.5kg，占日粮粗饲料的 30%，青干草应占粗饲料的 50% 左右，秸秆草（包括高粱、禾草、玉米秸秆等）占粗饲料的 20%，另外还需补充胡萝卜多汁饲料，成年羊补饲量 1 ~ 1.5kg，羔羊 0.5kg。矿物质饲料添加剂，应加入到配合精饲料中，如固原地区农户常用混合精料配方，玉米 55% ~ 60%，麸皮 20% ~ 25%，胡麻饼 10% ~ 15%，豌豆 5% ~ 10%，食盐 1%，磷酸氢钙 2%。

（四）肉羊舍饲应注意以下几点

1. 保持食槽干净

羊喜食新鲜清洁的饲料，在喂羊前必须将槽内剩余的饲料清除干净。

2. 每次饲喂次序

先喂粗饲料，后喂精料，再饮水；开始喂前先喂青储或秸秆，再喂青干草，然后喂精料；给饲料要求少给勤添，保持槽内饲料新鲜，可增进羊的采食量，也可减少饲料浪费。喂毕饲料后让羊休息约 1h 再饮水。

3. 每日饲喂次数

一般舍饲肉羊日喂 3 次，半舍饲羊可依放牧时间长短进行安排，一般补饲 1 次。宁夏固原地区农户习惯舍饲羊在春末 1 个月，夏季 3 个月，秋季前 1 ~ 1.5 个月，因昼长夜短，每日喂 3 次，共余季节每日喂 2 次，间隔时间为 6 ~ 8h。饲喂必须要定时、定质、定量和固定专人饲喂。

4. 饮水次数

夏、秋季每日饮 2 ~ 3 次，冬、春季每日饮 1 ~ 2 次，水质保持清洁，最好用

井水、泉水、污染较轻的河水与窖水。不宜饮污染严重的池水、河水等。

**（五）建造好符合舍饲条件的羊舍**

羊舍应建在地势高燥、背风向阳处；要求宽敞明亮，干燥通风，就地取材，因陋就简，成本低廉，结实耐用。冬暖夏凉，具有暖房（产羔室）和运动场。一般每只羊需要面积约为：种公羊 $1.5 \sim 2m^2$，母羊 $1.0 \sim 1.2m^2$，妊娠母羊和哺乳母羊 $1.2 \sim 2.0m^2$，羯羊（去势肥育羊）$0.6 \sim 0.8m^2$，幼龄羊 $0.5 \sim 0.8m^2$，羔羊 $0.4 \sim 0.6m^2$；产羔室（也叫暖房）约占羊舍总面积20%左右；运动场面积与羊舍面积应为 $2:1 \sim 3:1$；选定羊舍类型要依各地自然经济条件，并便于饲养管理和繁育为原则。舍饲羊多数时间是在羊舍中度过的，较好的符合卫生条件的羊舍有利于羊的生长发育和生产性能的提高，减少疾病与死亡，增加羔、幼羊的成活率，直接关系到养羊经济效益的高低。注意圈舍地面不要用水泥，有些为了便于清扫，羊舍地面建成水泥地面。水泥地面对羊不利，尤其冬春季舍内温度低，水泥地面异常冰冷，羔羊卧在上面，易发生胃肠道疾病。

## 四、舍饲养羊存在的缺点如何注意？

**（一）营养性疾病**

由于肉羊长期缺乏运动，或饲料营养供给不均衡，或不注意青绿多汁饲料的补充，使羊体质消瘦等，尤其是临产前半个月左右的母羊，出现后肢跛行或起卧困难，甚至卧地不起，长时间的侧卧造成被压迫侧胎儿发育不良，多胎的羔羊生后体弱，难以成活。

**（二）缺乏运动出现繁殖力下降**

纯舍饲羊每天必须有 $2 \sim 3h$ 的舍外运动，否则影响羔羊的生长发育和健康，繁殖母羊出现发情期长或发情不明显，情期经多次配种难以怀孕，分娩无力，早产、难产、初生羔羊体弱，死胎等。公羊过肥或过瘦，导致性欲降低，或无性欲等。

**（三）舍饲羊易得传染病**

在舍饲条件下，由于营养供应不均衡，或因圈舍拥挤，潮湿都不利于羊的健康，尤其圈舍潮湿而利于病原体孳生和繁殖，使羊易得李氏杆菌病和球虫病。所以圈舍必须要干燥、宽敞。

## 第三节　肉羊的饲养

### 一、怎样加强种公羊的饲养？

种公羊的饲养应全年保持中上等膘情，以使常年健壮、活泼、精力充沛、性欲旺盛。所喂的饲料要求营养价值高，有足量的优质的蛋白质、维生素 A、D、E 及无机盐，而且易消化，适口性好的饲料，如鲜干草类的苜蓿草，大燕麦青干草等；精料有玉米、大麦、燕麦、高粱、豌豆、豆饼、胡麻饼、麦麸等；多汁饲料胡萝卜、甜菜、马铃薯和玉米青储等。

种公羊的饲养可分为配种期和非配种期。非配种期的饲养，舍饲公羊日喂青干草 1.5 ~ 2kg（或青储 2 ~ 3kg），青绿饲料 2 ~ 3kg，混合精料 0.5 ~ 0.6kg。配种期开始前 1 ~ 1.5 个月应逐渐增加精料喂量，到配种期混合精料喂量为 0.75 ~ 1.2kg，苜蓿干草或燕麦青干草 1.5 ~ 2kg，青储或青绿饲料 2 ~ 3kg，胡萝卜 0.5 ~ 1kg，全部粗料和精料可分 2 ~ 3 次喂给。采精公羊必要时日喂鸡蛋 2 枚。

种公羊混合精料参考配方：玉米 50% ~ 55%，麸皮 15% ~ 20%，豌豆 10% ~ 15%，胡麻饼 8% ~ 10%，磷酸氢钙 1%，食盐 1%。

种公羊饲养以舍饲为主，配种期应加强运动，以保证种公羊能产生品质优良的精液。配种结束后，精料的喂量不减，待体力恢复后，再适量减少精料，逐渐过渡到非配种期。

### 二、如何饲养好繁殖母羊？

对母羊的饲养要求，要使其在全年中任何时期和任何生理阶段，都要有良好的营养体况。给母羊良好的饲养条件是顺利完成配种、怀孕、哺乳及提高生产性能的关键。在舍饲或补饲期侧重妊娠后期和哺乳前期的饲养。

#### （一）空怀母羊的饲养

空怀母羊应保持中等以上膘情，过肥过瘦都会影响繁殖力，所以，对瘦弱的母羊，要增加精料喂量，并且供给优质粗饲料，使其达到中等以上膘情，以利于正常发情排卵。舍饲母羊，每日喂混合精料 0.25 ~ 0.3kg，青干草 0.5 ~ 1kg，玉米青储 2 ~ 2.5kg，禾本科秸秆 0.4 ~ 0.5kg，分 2 ~ 3 次饲喂。

#### （二）妊娠母羊的饲养

母羊在妊娠前期因胎儿发育较慢，需要的营养物质与空怀期相同。到妊娠后期 2 个月是胎儿迅速生长之际，初生羔羊的体重 90% 是在妊娠后期增长的，所以，对妊娠后期母羊不仅要饲喂足够的蛋白质饲料，还需补充钙、磷及其他矿物质元素和脂溶性维生素，尤其是多产母羊更要注意营养合理搭配和补充。如在这个阶段营养不良，羔羊初生重小，成活率低，母羊膘情差，还会影响到哺乳期缺奶。所以，哺乳期营养的好坏，直接影响到产乳量，对羔羊的成活及生长发育有很大的关系。尤其是两个月内的羔羊，生长发育所需的营养主要是从母乳中获得。因此，母羊在妊娠后期一定要饲养好，舍饲母羊日喂精料 0.4 ~ 0.6kg，苜蓿干草 1 ~ 1.5kg，禾本科秸秆 0.4 ~ 0.5kg，胡萝卜 1kg，青储玉米或青绿饲料 2 ~ 2.5kg，保持良好的营养水平，才能实现多胎、多产、多活、全壮的目的。

固原地区当地原料配制母羊的混合精料供参考：玉米 50% ~ 65%，豌豆 20% ~ 25%，麸皮 15% ~ 20%，胡麻饼 12% ~ 15%，食盐 1%，微量元素添加剂 1%。

### （三）哺乳母羊的饲养

哺乳期分为哺乳前期和后期，哺乳前期即羔羊生后 2 个月（关键是前 1 个月内），此时羔羊生长依靠母乳，如母乳充足，羔羊生长发育快，抵抗力强，成活率高。如果母羊营养差，不仅泌乳量减少，同时影响羔羊生长发育，甚至无乳造成羔羊体弱难成活。因此，在整个哺乳期，给母羊丰富而充足的营养是十分必要的。对哺乳双羔的母羊每天供给混合精料 0.4 ~ 0.6kg，苜蓿干草 1 ~ 1.5kg，多汁饲料 1 ~ 1.5kg，青储 2 ~ 2.4kg；哺乳单羔母羊粗饲料相同，精料补给 0.3 ~ 0.4kg。哺乳后期母羊泌乳量逐渐减少，羔羊已能采食粉碎的混合精料和嫩青干草，可调整饲料喂量，对较瘦弱或乳汁分泌少的母羊，要逐渐增加饲料，对较肥的母羊，尤其单羔母羊，往往羔羊吃不完，有剩乳汁，可减少精料和多汁饲料喂量，防止引起乳房炎，尤其在羔羊断奶前 1 个月，最好在断奶前 10d 停喂精料和多汁饲料，以免羔羊断奶后引起乳房炎。

## 三、怎样做好母羊产羔？

### （一）产羔

母羊产羔分季节和全年无季节性产羔两种，可视当地自然条件，羊的品种与市场对羊及其产品的需求规律而选定最合适的产羔季节，如年产 1 胎、2 胎，两年产 3 胎等，现时两年产 3 胎是普遍可行的。一般而言，以冬羔较好，春、秋羔次之，最忌产夏（伏）羔。实行集中产羔是多年来推广的有效繁殖方法，这就是要求公、母分圈饲养，配种季节集中 1 ~ 1.5 个月，产羔也必然在 1 ~ 1.5 个月完成。

临产母羊的特征是乳房膨大，乳头直立，阴门肿胀潮红，有时流出浓稠黏液。肷窝下陷，行走困难，排尿次数增多，起卧不安，时时回顾腹部。接羔人员如发现上述情况，准备接产。

### （二）接产

接羔用羊舍或棚圈应因地制宜，因陋就简。要求阳光充足，通风良好，地面干燥，没有贼风，并有保暖设备，以备弱羔及初生羔羊使用。

1. 产前准备

主要包括以下几点。

产前 1～2d 让母羊单独圈到产舍或分娩栏（栏长 1.5m，宽 2m，高 1.2m，相互间以活页或钩搭连接）进行饲养待产。

在产羔前，对产房打扫，用 20% 石灰水或石炭酸、草木灰进行消毒。

准备好接产所用的消毒碘酒等。

产前 3d，母羊粗饲料减少到最低限度，精料如常。

2. 接产

主要包括以下几点。

让母羊卧于平坦或前高后低处，便于产羔。

母羊正常分娩，在羊膜破后几分钟至 30min 左右，正常胎位的羔羊出生时，两前肢和头部先出，这时随母羊努责，接产者抓住羔羊顺势轻拉。接着撕断脐带（距腹约 3cm）。

让母羊舐干羔羊，以增强保姆性和利于胎衣排出，必要时，可用干净垫草协助轻擦羔体多量的黏液和胎水。冬春和晚秋产羔需在产房生火保温。

剥去胎蹄，让羔羊站起，人工协助吃第一次奶（拔掉奶塞挤去几滴稠初乳）。

对多胎母羊每羔产出时间间隔不等，快则几分钟，慢则近 1h 或更长，待最后一羔产出，给母羊饮温麸皮水，5d 之内不饮冷水。精料逐渐增多，至第 10d 达规定量，饲草以优质青干草为主。

### 四、常见几种难产有什么助产方法？

难产通常见于初产母羊骨盆狭窄，其他如子宫收缩无力，阵缩及努责微弱，胎儿过大，胎位不正等原因造成。

母羊出现努责，胎膜已破，羊水流出 20min 左右，但不见胎儿露出产道或胎儿部分露出而仍不能产出时，是产道性难产或胎儿性难产，应以助产。助产者剪去指甲，洗净手臂，并消毒，涂润滑剂，检查阴道是否狭窄，子宫颈开张程度，再检查胎位、胎势、胎向及胎儿死活，确定之后进行助产。助产办法如下。

## （一）腕关节屈曲

胎儿两前肢腕关节屈曲时，两前肢均不伸出产道，也可能出一前肢弯一前肢。助产者手推胎儿入子宫内部，然后分别将前肢拉引到前面，在拉引时手握住蹄子，注意蹄尖创伤子宫。

## （二）胎儿头弯转

从阴门伸出两肢，但长短不一致。伸手探摸胎儿头颈弯向伸出较短的前肢同侧。助产者先用纱布条系住前肢蹄冠部，然后推胎儿到子宫深处，用手固定耳朵、颌、眼窝等，将头部位置矫正到正常状态，便可牵出胎儿。

## （三）胎向异常

胎儿的正常胎向是上胎向（胎儿的背部向上）。异常胎向有两种，一种是侧胎向，即胎儿侧卧于产道及子宫内，另一种是下胎向，即胎儿仰卧于产道及子宫内。而侧胎向引起的难产比较常见。助产者把手伸入子宫，将两前肢用纱布分别系住蹄部，轻轻推送到子宫内，将胎儿头夹于两前肢之间，手握胎儿下颌，助手用力向下牵引上侧前肢，而下侧前肢勿需用力，并与助产者密切配合，逐渐使胎儿上胎向，然后拉出。

## （四）胎位不正

正常的胎位是胎儿背部和母体背部方向一致。不正常的胎位有两种，一种是横位（胎儿横卧于子宫内），另一种是竖位（胎儿竖立于子宫内）。助产者首先将手伸入产道深处，牵引胎儿前肢及头部的同时推胎儿后躯；或拉胎儿后肢的同时，推胎儿前躯及头，使胎儿回复到正常胎位，即可将胎儿拉出。

## （五）胎儿过大

胎儿的胎位、胎势、胎向正常，母羊强烈努责，但胎儿滞留产道不能顺利产出。助产者充分用石蜡油或肥皂水润滑产道，用消毒纱布条分别系在胎儿前肢蹄冠上方。手握胎儿下颌，并由助手配合交替牵引两前肢，使胎儿的肩胛部斜向通过骨盆狭窄部。如因胎儿的头过大无法进入产道，可将产道中的一条或两条前腿推向子宫，变成肩关节弯曲，然后将头拉入产道，并继续向外拉，或者拉住头和一条腿，将胎儿拉出。

## 第四节　羔羊的饲养与护理

羔羊指哺乳期（3～4月龄）结束，即断奶前的小羊。因羔羊各部器官迅速发育和完善，又处于以奶为主向以饲料为主的过渡阶段，消化力与抵抗力弱，可塑性大，羔羊的饲养显得相当重要。

## 一、羔羊生后为什么要尽早吃上初乳？

羔羊生后要及时吃上初乳，这是羔羊生后能否成活或成活好坏的关键。初乳也是新生羔羊必需的不可代替的食物，其营养特点如下。

### （一）母羊的初乳中营养成分含量丰富

其中，干物质量高达 27%，蛋白质 17%～23%，是常乳的 4 倍多；而且氨基酸组成全面，必需氨基酸含量是常乳的 3～4 倍；脂肪含量 9%～16%，是常乳的 2～3 倍多，维生素的种类齐全，数量充足，其中，维生素 A 是常乳的 10 倍，维生素 D 是常乳的 100 倍，矿物质中的钙、磷、镁等成分也比常乳多一倍以上。另外，初乳中含有高浓度的多种激素和生长因子，如表皮生长因子（EGF）可刺激胃肠组织生长，还能调控肠细胞分化。

### （二）初乳中含有保护性抗体

羔羊吃上初乳可以增强抵抗疫病的能力，尤其是能防止大肠杆菌的侵袭，使羔羊少得下痢病。因为新生羔羊的胃肠还很脆弱，胃肠壁上没有黏膜，对于可能混进来的病菌抵抗力很低。初乳的特殊功能在于可以代替胃肠壁上黏液的作用，它附在胃肠壁上能抵挡细菌侵入血中。另外，初乳有 40～50 度的酸度，可使羔羊的胃肠内变成酸性环境，能抑制有害细菌的繁殖。因此，羔羊作为"过渡"抗体。

### （三）初乳具有助消化和轻泻作用

初乳进入到胃里以后，能刺激消化腺分泌消化酶，以促进胃肠机能早期活动，增强胃肠消化和吸收养分的能力。同时，由于初乳中含有较多的镁盐，有轻泻作用，可以清除肠道有害物质和促使胎粪排出。

## 二、哺常乳期羔羊如何饲养管理？

常乳期是指产后 1 周至断奶前的羔羊。哺常乳期通常在 3～4 月龄断奶。羔羊饲养分为两个阶段，第一阶段在 7 周龄前，羔羊的瘤胃功能还不健全，营养来源主要是羊奶，羔羊每昼夜的吮乳量以不低于体重的 16% 为宜。羔羊到 40 日龄时，吮乳量达最高峰。这一阶段的羔羊主要以母乳为主，补饲为辅。但是，羔羊一般在 15 或 20 日龄开始训练吃草料，喂给易消化的优质青干草或叶片，任其自由采食，还需喂给易消化的混合精料，混合料最好加工成碎颗粒，如易消化的玉米 50%、大麦 10%，麸皮 20%，炒黄豆或亚麻饼 16%，含硒微量元素添加剂

1%，食盐1%。羔羊早期开食，可以增进食欲，减少母乳供应。采食和锻炼有助于促进心、肺和消化器官的发育。重视这一段的饲养，对羔羊的培育极为重要。进入第二阶段（60日龄后的羔羊）为正式补喂期，饲料要求含蛋白质多，粗纤维少，适口性好的饲料为佳。饲喂方法应先喂精料，后喂粗饲料。上述混合精料喂量一般15~30日龄50~75g，30~60日龄100~150g，60~90日龄150~200g，90~120日龄250~280g。青干草最好铡短1cm添入槽内喂，要定时、定质、定量喂给，吃饱为宜，水要经常用浇盆或水槽摆在运动场上，让羔羊随时饮水，最好用温水，防止喝冰碴水，以防引起拉稀。羔羊生长到2~3月龄时在精料中按只数计算投放食盐，每只羔羊3~4g，以免羔羊发生异食癖。

### 三、哺乳期羔羊怎样进行护理？

#### （一）母仔护理

母羊分娩时失去很多水分，需在产后1~1.5h给母羊饮温麸皮水。产后第一次饮水量不宜超过1~1.5L，水温12~15℃，母羊在产后5~7d内喂的饲料要求容易消化，适口性好，含纤维少的饲料（如燕麦青干草、苜蓿青干草等），一定让母羊很快地恢复体质，促使母羊有更多的乳汁，让羔羊吃到充足的母乳。

对羔羊的护理应采取母子圈和群体圈二个阶段的管理，可大大提高羔羊在哺乳阶段的存活率。每到羔羊出生后应立即检查母羊的乳房，用热水布按摩乳房，洗净乳房周围的污染物，拔去奶塞将最初几滴奶挤去，在1h内要帮助羔羊吃上初乳，然后移入母子小圈内，一般饲养1~3d，但应根据母羊爱抚的程度，母羊和羔羊的营养状况和小圈的周转情况来决定。母羊恋子性好，羔羊又健壮可提前移入大圈。双羔及没有恋子性的可适当在小圈延长饲养时间，在母子圈内饲养的时间每间隔2~3h就轰起母羊哺乳一次奶，并要仔细观察其泌乳和哺乳情况，辅助羔羊吃到充足母乳。同时，要检查母羊乳房是否发炎，羔羊的脐带是否发炎等。

#### （二）羔羊的补饲方法

羔羊生后一周后开始跟母羊学吃青干草和精料，随着日龄的增长，要求的营养物质越来越多，两周以后完全靠母乳已不能满足羔羊生长的需要。所以，羔羊生后15d起就应补给容易消化的草料，草料要求多样化，喂法上应掌握少给勤添，交替补饲的原则。将品质优良的青干草晒干铡细，添入槽内让羔羊自由采食。精料必须喂粉碎配制的混合料。羔羊1月龄后应喂切碎的胡萝卜。

#### （三）羔羊断奶方法

肉用羔羊到3月龄大时必须断奶，一方面为恢复母羊的体况，另一方面锻炼羔羊独立生活。断奶法，多采取一次性断奶为好，即将母子断然分离不再群内。断奶最好把母羊暂时移走，羔羊仍留在原羊舍饲养，尽量给羔羊保持原来的环境。另外，有少数母乳多的母羊应注意挤掉一些，以防引起乳房炎。

## 四、羔羊缺奶采取什么措施？

羔羊缺奶的原因有母羊和羔羊两方面的原因，大部分因母羊无奶或奶量太少，初产母羊不认自己的羔羊，或者母羊发生乳房炎，拒绝羔羊吃奶所造成的羔羊缺奶。羔羊太弱，不能自己吃上奶，或者管理上粗枝大叶造成羔羊缺奶。对羔羊缺奶采取措施如下：

### （一）母羊认羔性差的解决方法

母羊有充足的奶水，但认羔性差而不让羔羊吃奶的母羊，应进行人工控制。首先将乳房洗净擦干，拔去乳塞，挤去前几滴初乳，协助羔羊吃上初乳，昼夜贴奶 6~8 次，一般 1~2d 自然认羔，必要时可将母子圈入小圈，单独让羔羊在母羊周围自由活动，促进认羔。

### （二）母羊无奶或奶量太少的羔羊的解决方法

对母羊无奶或奶量太少的羔羊，首先要出生羔羊先吃到初乳，可找同日或在 2 日左右产羔的母羊，贴初乳 1~2d 后改用代乳，常用代乳有牛奶、奶粉，昼夜代乳量为羔羊体重的 16%，要尽量多次喂奶，喂量一次不宜过多，防止引起消化不良，代乳温度与母乳基本一致。

## 五、何谓育成羊，如何饲养？

3~4 月龄离乳后到第一次配种（早熟品种 12 月龄，晚熟品种 18 月龄）的公母羊称为育成羊。这个阶段是羊生长最快的时期，其饲养的好坏，对成年羊体重、生产性能及种用价值有直接影响。为此，羔羊断奶后，根据肉羊生长速度的需要的规律，必须供给足够的蛋白质、维生素和矿物质，日粮中以粗饲料为主，精料为辅。粗饲料以燕麦青干草、大麦青干草、苜蓿青干草为主，并有少量青储料和多汁饲料。羔羊断奶后，为避免断奶应激和营养不足，羔羊在原环境不变的同时，应增加精料 50~100 克。混合精料比例为：玉米 55%、麦麸 20%、胡麻饼 15%、豆类 6%、食盐 1%、饲料添加剂 1%（供参考）。育成羊混合精料随月龄而变化，4 月龄 250~300g，5 月龄 350~400g，6~8 月龄 400~450g，9~11 月龄 450~500g，12 月龄以上 550~600g（此月龄早熟品种的育成母羊已发情配种）。

**第五节　肉羊的育肥**

## 一、肉羊育肥有哪几种形式？

羊的育肥是为了在短期内，用低廉的成本，获得质好量多的羊肉。我国育肥绵羊的方法归纳有 3 种，即放牧育肥、混合育肥和舍饲育肥。

### （一）放牧育肥

这是最经济的一种育肥方法，也是牧区和农牧区传统的方法。凡不能种用的羔羊，不能繁殖的母羊和老残羊，经驱虫、修蹄、健胃，利用 8～9 月牧草结籽，养分充足之际放牧抓膘，到 11 月膘情最好时进行屠宰，这种方法为放牧育肥。

### （二）混合育肥

是在放牧育肥的基础上，即到秋末时羊的膘情尚未满膘，此时给羊补饲混合精料 0.3～0.5kg，补饲 30～40d 达到满膘屠宰，此种方法为混合育肥。

### （三）舍饲育肥

将准备育肥的羔羊集中短期圈养，舍饲育肥通常为 75～100 头，羔羊在良好的饲料条件下可增重 10～15kg；肉用杂种羔羊 15～20kg。是一种见效快、周期短，出栏灵活，可全年均衡出栏的短期集中育肥措施。

## 二、羔羊育肥前有哪些准备？

### （一）羔羊育肥

因羊种不同而采用不同的育肥方案，如肉用羔羊一般在 6～8 月龄育肥结束。以家庭副业形式所饲养的羔羊多在 3 月龄前育肥上市出栏，实行乳羔生产。规模养殖大户或购买集中育肥的羔羊，在组群育肥时应按月龄和体重一致，才能提高整体育肥效果。

### （二）公羔去势

是传统的育肥方法，其目的是减少羊肉的膻味，现今公羔去势多采用结扎方法。但近年来的实践证明，当年羔羊育肥不去势生长速度比去势后的羯羊更快，养羊户已推广采用。

### （三）断尾

肉羊业生产中羔羊的断尾主要是肉用公羊与当地绵母羊杂交改良的羔羊，有一条细长的尾巴，一般在羔羊生后 1～3 周内进行断尾。

**（四）驱虫、疫苗接种**

育肥羔羊一般在 3 月龄断奶后进行驱虫，接种三联苗（羊快疫、羊猝死、羊肠毒血症）和羊痘。

**（五）编号**

给育肥羊佩戴塑料耳标，是将所需编号写在特别的塑料耳标上，以便在育肥前称重，育肥结束时的称重，主要是检验育肥效果和效益之用。

**（六）做好圈舍保温**

为减少育肥羔羊的热能散失，冬季可采用塑料大棚暖圈，舍内温度不低于 5℃，并且舍内干燥、卫生、通风良好。

## 三、羔羊育肥有哪些关键性技术？

羔羊育肥是利用羔羊生长速度快，饲料报酬高的特点进行育肥，其优点是羔羊育肥周转快，生产成本低，经济效益好，尤其是肉用杂种羔羊肉鲜嫩多汁、精肉多、脂肪少、易消化、膻味小，颇受消费者的欢迎。国外利用 4～6 月龄羔羊肌肉生长最快时进行肥羔生产。根据我国当前的肉羊生产状况，羔羊育肥主要分为哺乳羔羊的育肥（称为乳羔），断奶羔羊育肥和当年羔羊育肥几种形式。

**（一）哺乳期的羔羊育肥**

羔羊在哺乳期母乳对羔羊的育肥效果有直接关系，羔羊生后如母乳充足，羔羊生长发育就快，母乳不足或无乳的羔羊生长发育就差，所以，哺乳期羔羊的育肥应从母羊妊娠后期抓起，有较好的营养，才有充足的母乳。同时，羔羊要尽早补饲，使大部分肉用杂种羔羊 3 月龄时体重达 25kg 以上，饲养条件好的达 30kg以上，寒杂羔羊达 20kg 以上即可出栏上市。这种育肥方式在固原地区大部分农户习惯这一方式，主要是减少羔羊因断奶引起应激反应，降低生长速度。

育肥方法　在哺乳期 1 月龄的羔羊以母乳为食物，为让羔羊尽早开食，羔羊生后 10～15d 开始训练采食饲料，训喂饲草以苜蓿、燕麦青干草的嫩枝叶片，并逐渐训练采食精饲料，开食精料如莜麦 50%、小麦 38%、豆饼或胡麻饼 10%、食盐 1%，将莜麦、小麦炒酥混合饲喂，可提高羔羊的采食兴趣。

2～3 月龄阶段　此时补饲的饲草以优质青干草让羔羊任其自由采食（少给勤添），精料喂量随日龄增长逐渐增加。2 月龄羔羊日喂 200～300g，3 月龄为 350～500g，日分二次饲喂，精料配方为玉米 67%、胡麻饼 15%、豆饼 8%、麸皮 8%，磷酸氢钙 1%、食盐 1%，此方粗蛋白达 16%（供参考）。

**（二）4～6 月龄断奶羔羊育肥**

是羔羊育肥生产的主要形式，一般羔羊 3 月龄断奶，4～6 月龄时国外作为

肥羔生产，此时羔羊生长肌肉最快时期，饲料中蛋白质含量应要高一些，饲料配方为玉米55%、豆粕20%、胡麻饼10%、豌豆5%、麸皮8%、磷酸氢钙1%、食盐1%，此方粗蛋白达到19%（供参考）。精饲料应占日粮60%，以青干草为主，任其自由采食。并喂些胡萝卜来满足对羊维生素的需要。舍饲育肥羔羊混合精料喂量，一般4月龄0.35～0.4kg，5月龄0.45～0.5kg，6月龄0.6kg，约占日粮的40%。

### 四、成年羊如何育肥?

#### （一）成年羊育肥方法

供舍饲育肥的成年羊多为不能繁殖的母羊和老龄羊，一般育肥期为75～100d。育肥的目的是增加体脂肪，改善肉的风味。育肥饲料中能量的含量较高，粗蛋白含量稍低。成年羊育肥的饲料以粗饲料为主，利用农作物秸秆（最好经微储处理），青干草、青储、胡萝卜等，混合精料应占舍饲日粮的35%～40%，每只羊有0.4kg以上的精料。对老龄羊育肥每天喂上一次拌料，将秸秆类饲料粉碎，洒入适量的水，拌混合精料饲喂。成年羊的育肥不宜过长，一般有2～3个月为宜。

#### （二）成年羊育肥管理

育肥成年羊饲喂次序，应先喂精料，然后喂粗料（少给勤添，吃饱为宜），再饮水。

对老残年牙齿损破严重而不能正常采食以及有疾病的羊不宜育肥。

育肥前驱虫、健胃、注射羊三联苗。

冬季成年羊育肥，棚舍要保暖，舍内温度应保持在3℃以上。

## 第六节　肉羊的营养需要和日粮配合

### 一、营养需要

肉羊的营养需要是指达到期望生产性能时，每天每只羊对能量、蛋白质、矿物质和维生素等各种营养物质的需要量。因羊的种类与品种、生理机能、生产性能、体重和体型、年龄和性别、环境温度、活动量、被毛厚薄以及饲养管理制度等不同，对各种营养物质的需要量也是不同的。如毛用羊对含硫氨基酸（胱氨酸）需要明显较多。肉羊则对碳水化合物及脂肪的需要较多。种公羊配种期、母羊妊娠期、哺乳期，营养需要也比平时要多。以各种羊的主要用途而论，大体按裘皮、羔皮、毛（绒）肉羊的顺序，一个比一个营养水平需求增高。同是细毛羊，肉毛兼用品种对蛋白质的需求比毛肉兼用品种高。饲养上，一般以维持饲养为基础，再根据繁殖、胚胎发育、生长、泌乳、育肥、产毛、产绒等不同生理阶段，给予不同的营养，即总营养需要 = 维持营养需要 + 生产营养需要。

## 二、饲养标准

羊饲养标准是根据饲养试验结果和羊的生产实际，对羊所需要的各种营养物质的定额做出的规定。即经试验研究确定的，羊在不同的状态条件下的能量和各种营养物质需要量或供给量的定额数值。

饲养标准是羊营养需要研究应用于羊饲养实践的最有权威的表述，反映了羊生存和生产对饲料及营养物质的客观需求，高度概括和总结了营养研究和生产实践的最新进展，具有很强的科学性和广泛地指导性。它是羊生产计划中组织饲料供给、设计饲料配方、生产平衡日粮，以及对羊实行标准化饲养的技术指南和科学依据。

肉羊饲养标准（NY/T 816—2004）适用于以产肉为主，产毛、绒为辅而饲养的绵羊品种。本标准规定了肉用绵羊对日粮干物质进食量、消化能、代谢能、粗蛋白、维生素、矿物质元素每日需要量值。

## 三、日粮配合

天然饲料和工农业副产品中可以单独满足羊营养需要的种类几乎没有，在粗放饲养条件下，羊生产水平很低，但羊可以通过寻觅、采食，进行营养物质摄取的自我调控，所以，羊的营养问题并不突出。近年来，随着退耕还林、封山禁牧、恢复生态的政策执行，羊饲养必须由以传统放牧为主转为科技含量高，劳动生产率高的集中舍饲为主。羊所需营养物质完全由养殖者所提供的饲料来满足，特别是高产性能的羊种对营养物质的需求更加严格。但是羊只舍饲圈养后饲料种类单一，营养不全价，尤其缺乏青绿多汁饲料和矿物质元素，致使羊只体质差，维生素、矿物质或微量元素缺乏症突出，羊只生产水平和经济效益低下。养羊企业受经济和技术条件限制，仍沿用"试差法"设计羊饲料配方，或借鉴典型饲料配方或凭经验配合羊日粮。不分品种，不考虑羊生长和生产的不同阶段，沿用一个配方，或一个配方长期使用，不仅造成很大的饲料资源浪费，而且常造成某些营养性和代谢性疾病的发生。养羊生产一直处于高资源消耗、低效益的局面。科学合理利用饲料原料资源生产低成本的全价配合饲料仍然为制约养羊业发展的瓶颈问题。

日粮配合技术就是依据羊在某种年龄、体重、生理生产状态和环境时对营养物质的需求及羊常用饲料所含各种营养成分的量，通过计算科学地确定日粮中各

种饲料原料数量。按日粮中各种原料所占的组分（百分比），配制成满足一定生产水平类群羊营养要求范围的混合饲料。就是根据羊营养需要及饲料资源等状况，把若干种饲料按一定比例均匀混合成饲料产品。

现代饲料配方设计是运用一定的计算方法，根据饲料原料的营养成分含量、饲料价格、可利用饲料资源储备情况和配方设计要求，羊的营养需求及其对特殊饲料的限制等，产生配方中各原料比例或量的一种运算过程。在生产中，羊的营养需求、饲料原料价格、预期生产水平、经营策略性调整都在不断发生变化，因而配方需要经常性调整以保持饲料供给符合养殖利益最大化的经营要求。羊产品中的饲料成本一般要占舍饲养殖总成本的 70% 左右。降低养殖成本主要在于降低饲料成本。而降低饲料成本最有效的途径，首先是日粮提供营养的种类、数量及养分间相互影响关系等方面与羊的需求达到供需理想吻合，在确保羊生产潜力充分发挥的同时使饲料养分物尽其用；其次是充分利用廉价饲料，尽可能少地耗用饲料资源，节约饲料开支。这也正是饲料配方设计要解决的问题。

目前，大型饲料公司使用专用饲料配方软件设计配方，技术要求高且配方软件价格高，还不能在小型配合饲料厂和中小型养殖场普及应用。手工计算调整日粮配方，因配方设计调整要同时考虑多种变量因素，计算繁杂，计算量大，需要时间长，而且不易拟订出最低成本日粮配方，在一定程度上不能满足现代集约化舍饲养羊需求。

为了节约饲料资源，生产优质、高效饲料，达到规模化健康高效养羊目的，要合理选择饲料原料、评估其营养值和合理搭配以设计最低成本羊饲料配方。可以利用 Excel 的运算、模板和规划求解功能设计肉羊饲料配方，并以此为模板实现对饲料配方快捷、准确的调整计算，这一方法已在中小型饲料厂、养殖场应用。

## 第七节 肉羊的管理措施

### 一、怎样加强种公羊的管理？

#### （一）控制种公羊配种次数

种公羊要单独圈养，圈舍宽敞平坦，通风透光，干燥卫生，冬暖夏凉，坚固耐用，圈舍紧靠母羊圈，便于配种。在繁殖季节，公羊每天放入母羊群早、晚各一次，每次 1~2h，促使公羊发情、诱导公羊性欲旺盛，同时也刺激母羊发情。有发情母羊、以人工辅助交配，人为的控制配种，早晚各一次，必要时可配 3 次

（包括人工授精），连续配种 5~6d，应休息 1~2d。在非配季节种公羊也应单独圈养，因公母混群后，相互没有新鲜感，公羊反而会表现性欲下降。

### （二）种公羊要有适当运动

除给种公羊修剪蹄甲、按摩睾丸外，还要定时驱赶公羊运动，舍饲公羊每日驱赶运动 2~3h（早、晚各一次），以保持旺盛的精力。如长期不运动或运动不足公羊精液品质会下降。

### （三）公羊的配种年龄

公羊的性成熟应根据月龄、品种、营养、气候和个体发育来决定，早熟品种一般公羊在 6~8 月龄成熟，晚熟品种推迟到 8~10 月龄。性成熟的公羊虽然已具备了配种能力，却不宜过早配种，因为此时它们的身体正处于发育阶段，公羊过早配种可损伤元气，严重阻碍其生长发育。因此，公羊初配年龄应在 12 月龄左右，正式用于配种应当在 18 月龄以后。

## 二、繁殖母羊如何管理？

### （一）空怀母羊诱导发情技术

对空怀母羊可采取诱导发情。诱导发情是指在母羊乏情期内进行，借助生理调控技术诱导发情并进行配种，以期缩短母羊繁殖周期，变季节性配种为全年配种，实现密频产羔，达到 1 年 2 胎或 2 年 3 胎，提高母羊的繁殖力。具体措施有以下几种：

1. 羔羊早期断奶

通过控制母羊的哺乳期，恢复其性周期的活动，提早发情，缩短产羔间隔。早期断奶的时间应根据不同的生产需要和断奶后羔羊的管理水平来决定，对 2 月龄前断奶的羔羊，要先解决好人工乳和人工育羔等方面的技术问题。2 月龄断奶后的羔羊消化功能已得到一段时间的锻炼，饲喂易消化的精料和优质饲草就可以保证其身体的正常生理发育。

2. 公羊诱导

在母羊圈外放一只公羊或放入母羊群内，每天 2~3 次，每次 1~2h，使公羊的气味、叫声对母羊起到刺激和诱导作用。每到繁殖季节，这种做法效果较好。

3. 激素处理

用海绵浸孕激素为阴道栓，置于子宫外口处，处理 10~14d，撤阴道栓前 1~2d 或当天肌内注射孕马血清 400~500IU（约 10IU/kg 体重），经 30h 左右母羊即开始发情，发情的当天和次日各配种（或输精）1 次。

### （二）发情鉴定与适时配种

1. 发情鉴定

舍饲母羊发情常不明显，通常表现采食不安、恋叫、阴门潮红肿胀，亲近公羊，相互爬跨等。所以要将公羊每天早、晚放入母羊群，以尽快发现并以确定发情母羊，不致漏配。

2. 确定的发情母羊适时配种

母羊每次发情持续期平均为36h（约1.5d），每当发情母羊确定后，早晨选出的母羊下午配第一次，第二天早上重复配一次；晚上选出的母羊第二天早上配一次，下午配一次（包括输精），这样可大大提高受胎率。

### （三）妊娠母羊的管理

妊娠母羊在管理上，前期要防止发生早期流产，后期要防止母羊由于意外伤害而发生早产。应避免母羊吃冰冻饲料和发霉变质饲料，不饮冰碴水；防止羊群受惊吓，不能紧追急赶，出圈和饲喂时严防拥挤造成流产。母羊在预产期前1周左右，可放入待产圈内饲养，适当进行运动。

## 三、哺乳期羔羊怎样管理？

### （一）编号

编号对肉羊生产及育种来说是一项必不可少的工作，常用的方法：带耳标、剪耳、墨刺等，在此主要介绍塑料耳标和墨刺法编号。

塑料耳标是将需编号写在特制的塑料耳标上，羊耳号第一位数码代表出生年份的最后1位数，后面数码为当年出生的顺序编号。耳标一般戴在左耳上，在耳朵软骨部涂碘酒消毒，避开血管用耳标钳装钉即成。

墨刺法

墨刺号是将需编耳号用特刺的钢字模字码排列于专用的墨刺钳上，在羊右耳后下部内面涂上印刷油墨或蓝黑墨水、墨汁等。再用墨刺钳将羊耳扣按住，墨刺号穿透羊耳后，油墨等顺势渗入，约7~10d外痂脱落后，被编号清晰可见，永不会掉。墨刺号与耳标号应相一致。

### （二）去势

凡不拟做种用羊的公羊一律去势。羔羊去势适宜时间多在生后2~3周时，最迟不超过3~4月龄断奶。

以往去势多用手术法，由于手术摘除睾丸伤口易感染红肿，羔羊疼痛耗体质，目前推广结扎法：即将公羔的睾丸挤压在阴囊下端，用橡皮筋紧紧地结扎在阴囊的上部，市售的橡皮筋须2~3根合并套在阴囊上。也可用自行车内带剪成一个宽 2~5cm 的条环代替，由于结扎断绝了血流，约经半个月左右，因阴囊及睾丸萎缩而自然脱落。

### （三）断尾

肉羊业中羔羊的断尾主要是在肉用绵羊品种公羊同当地的母绵羊杂交所生的杂交羔羊，有一条细长尾巴。为避免粪尿污染羊毛，或夏季苍蝇在母羊外阴部下蛆而感染疾病和便于母羊配种。断尾在羔羊生后 10d 内进行，此时尾部血管较细不易出血。

羔羊断尾常用的是热断法和结扎法两种。热断法就是利用一把厚 0.5cm、宽 7cm 的铁铲，将铁铲在炉火上烧成暗红色，断尾处离尾根部 4~5cm，约在第三至第四尾椎骨之间，要边切边烙，切忌太快，这样还有消毒作用。另一种是橡皮筋结扎法，在羔羊生后 10d 内进行，断尾处离尾根部 4~5cm 处用橡皮筋扣紧，1~2 周尾巴在结扎处便干燥坏死，自然脱落，在脱落处涂上碘酒。结扎要点是结扎要紧，结扎后要注意观察尾巴脱落前后是否有化脓等异常现象，如有化脓要及时涂上碘酒。此种断尾法操作简便，效果好。

### 四、为什么舍饲肉羊要适当运动？

纯舍饲羊，每天必须有 2~3h 的舍外运动，否则，影响羔羊的生长发育和健康，繁殖母羊出现发情期长或发情不明显，配种难以怀孕、分娩无力、早产、难产、出生羔羊体弱、死胎等。公羊过肥或过瘦，导致性欲降低，爬跨困难，或不爬跨，精液稀薄，精子活力差等。

### 五、怎样给绵羊剪毛？

绵羊剪毛时间可因地制宜，每年安排两次，春季一般在 4 月下旬至 5 月中旬，秋季在 8 月中下旬，忌剪夏伏毛。具体时间以每年天气与温度变化情况而定。剪毛要求平整，不剪伤皮肤，不剪"二刀毛"（也叫重剪毛），毛茬要低，剪毛以先右侧后左侧，由高处向低处剪，保持套毛完整性。剪毛要选晴朗无风天气，让羊绝食 12h 以上，剪毛后要防雨淋、暴晒、感冒等。剪毛后 7~10d 进行药浴。

# 第四章 肉羊繁育技术

## 第一节　肉羊发情生理与发情鉴定

### 一、什么是公母羊性成熟？

#### （一）公羊的性行为和性成熟

公羊的睾丸内出现成熟的具有受精能力的精子时，即是公羊的性成熟期。公羊性成熟的早晚受品种、营养条件、个体发育、气候等因素决定，一般早熟品种5～7月龄，晚熟品种推迟到8～10月龄性成熟。公羊的初配年龄在12月龄左右，正式用于配种应当在18日龄以后。

公羊的性行为主要表现为性兴奋、求偶、交配。公羊性行为时，常有举头、嗅母羊阴门、口唇上翘，发出连串鸣叫声，性兴奋发展到高潮时进行交配。公羊交配动作迅速，时间仅几秒。

#### （二）母羊初情期与性成熟

母羊发育到一定年龄，生殖器官基本上发育成熟，卵巢能产生卵子，并出现性行为的现象称性成熟。

母羊性成熟的早晚与肉用绵羊的品种、遗传、营养、气候和个体发育等因素有关，所以，性成熟和年龄也有较大差异。一般肉用母羊性成熟为6～8月龄，国内某些早熟多胎品种如小尾寒羊（包括小尾寒羊的杂种羊）、湖羊初情期多在4～6个月龄出现性活动（母羊表现发情征状）。虽然性已成熟，但此时身体的生长发育尚未成熟，故性成熟并非最适宜的配种年龄。实践证明，过早交配对母羊和后代的生长发育都不利。肉用母羊的初配年龄应在12个月龄，早熟品种、饲养管理条件好的母羊，配种年龄可以提前。

## 二、什么是母羊发情和发情持续期？

### （一）发情

母羊生长发育到一定年龄时，就有一系列性行为的表现，并在一定时间排卵的现象称为发情。

1. 母羊正常发情表现

母羊发情时由于发育的卵泡分泌雌性激素，并在少量孕酮的协同作用下，刺激神经中枢引起兴奋，使母羊表现兴奋不安，对周围外界的刺激反应敏感，常鸣叫，举尾拱背，频频排尿，食欲减退，有交配欲，主动接近公羊，后肢岔开，后躯朝向公羊，当公羊追逐爬跨时站立不动。

2. 生殖道变化

母羊在发情期中，在雌激素和孕激素的共同作用下，生殖道发生周期性的生理变化；所有这些变化都是为交配和受精作准备。发情母羊由于卵泡迅速增大并发育成熟，雌激素分泌增多，强烈刺激生殖道，使血流量增加，母羊外阴部充血肿胀、松弛、阴蒂勃起，阴道黏膜充血，潮红，湿润并有黏液分泌，发情初期黏液分泌量少且稀薄透明，中期黏液增多，末期黏液稠如胶状且量较少。子宫颈口松弛，开张并充血肿胀，腺体分泌增多。

3. 卵巢的变化

母羊发情开始前 2~3d 卵巢卵泡开始发育很快，卵泡内膜增厚。卵泡液增多，使卵泡容积更加增大，此时卵泡壁变薄并突出卵巢表面，在激素的作用下促使卵壁破裂，致使卵子挤压而排出。

### （二）发情持续期

母羊每次发情持续的时间称为发情持续期。绵羊发情期为30h左右，排卵一般多在发情后期（20~30h）。成熟卵排出后在输卵管中存活的时间4~8h，公羊精子在母羊生殖道内受精作用最旺盛的时间约为24h。为了使精子和卵子得到充分的结合机会，最好在排卵前数小时内配种。在养羊生产实践中，配种时间多在母羊发情后12~24h较为适宜，一般母羊发情交配二次受胎率最高，如发现母羊上午发情，下午4~5时进行第一次配种或输精，第二次交配输精在第二天的上午；如母羊在下午发现发情，则在第二天上午8~9时进行，下午进行第二次交配或输精。

## 三、什么是母羊的发情周期？

母羊出现第一次发情以后，其生殖器官及整个机体的生理状态有规律的发生一系列周期性变化，这种变化周而复始，一直到停止繁殖的年龄为止，这称之为

发情的周期性变化。发情周期的计算，即母羊在这一次发情期未经配种或虽配种而没有受孕，又出现第二次发情称为发情周期。一般绵羊为 14 ~ 20d，平均为 17d。

### 四、怎样鉴定母羊发情?

发情鉴定的目的是及时发现发情母羊，正确掌握适时配种或人工授精，防止误配漏配，从而达到提高受胎率的目的。肉用母羊发情鉴定一般采用外部观察法、阴道检查法、试情法 3 种。

#### (一) 外部观察法

肉用绵羊发情短，外部表现不太明显，仅少有不安、摇尾，阴唇稍有肿胀、充血、黏膜湿润，喜欢接近公羊，闻嗅公羊会阴及阴囊部，当被公羊爬跨时则站立不动。外阴部充血、发红并有少量黏液。

#### (二) 阴道检查法

把开腔器洗净晾干，用 75% 酒精消毒，稍等酒精挥发后，用 0.9% 的生理盐水作润滑剂，闭合前端，顺阴门慢慢插入母羊阴道内，轻轻打开开腔器，通过反光镜或电筒光线观察生殖道的变化。当母羊发情时，阴唇水肿充血发红，阴道黏膜充血、色红，表面光亮湿润，子宫颈口充血，松弛、开张，并有透明黏液流出。到发情后期黏液变黏稠。检查完后稍微合拢开腔器，抽出。

#### (三) 试情法

鉴定母羊是否发情多采用试情的办法。试情公羊要求体格健壮，性欲旺盛，年龄以 2 ~ 5 岁最佳。为了防止试情公羊偷配母羊，要在试情公羊腹部绑好试情布。当今农区养羊户饲养母羊 10 只左右，多者 20 ~ 30 只，即可用配种公羊放到母羊圈内，如发现有发情母羊拉出圈外，以人工辅助交配。大群母羊必须要有试情公羊，正式配种公羊不宜作试情羊，否则偷配母羊后影响采精。

## 第二节　肉羊的配种时间和方法

### 一、如何确定配种时间?

配种时间的确定，主要根据各地区、各羊场的年产胎次和产羔时间来决定。年产 1 胎的母羊，有冬季产羔和春季产羔，配产冬羔的母羊在 8 ~ 9 月配种，翌年的 1 ~ 2 月产羔;产春羔的母羊需在 11 ~ 12 月配种，产羔在翌年的 4 ~ 5 月产羔。两年3产的母羊，第一年在5月配种，10月份产羔。第二年1月配种，6月产羔；9月配种，翌年2月产羔。对于一年两产的母羊，可于4月初配种，当年9月初产羔；第二胎在10月初配种，翌年3月初产羔。

## 二、有几种配种方法？

羊的配种方法为自由交配、人工辅助交配和人工授精3种。

### （一）自由交配

自由交配为最简单的交配方式。在配种期内，可根据母羊多少，将选择好的种公羊放入母羊群中任其自由找发情母羊进行交配。该方法省工省事，适合农户小群养羊，公母比例适当，可获较高的受胎率。其缺点为：

无法控制产羔时间。

公羊追逐母羊，无限交配，不安心采食，耗费精力，影响健康。

无法掌握交配情况，后代血统不明，容易造成近亲交配，也难以实施计划选配。

种公羊利用率低，不能发挥优秀种公羊的作用。为了克服以上缺点，将公、母羊分群，种公羊单独饲养管理，采用公羊试情，出现发情母羊拉出人工辅助交配，配种结束公母各自归圈。

### （二）人工辅助交配

人工辅助交配是将公母羊分群隔离单独饲养，在配种期内用试情法，有计划地安排公母羊配种。这种交配方式不仅可以提高种公羊的利用率，增加利用年限，而且能够有计划地选配，提高群体质量。交配时间也得到控制，一般母羊早晨发情傍晚配种，下午或傍晚发情的母羊于次日早晨配种。为确保受胎，最好在第一次交配后间隔12h左右再重复交配1次。

### （三）人工授精

人工授精是人工采取优良种公羊的精液，经过稀释后，再用输精器械把精液输入到母羊生殖器官内，而使母羊受胎的一种先进的配种技术，它是加速羊的繁殖、改良的有效技术措施。其优点如下。

扩大优良种公羊的配种效率。在自然交配（本交）的情况下，一只种公羊只能配一只母羊，如采用人工授精时，一只种公羊一次射出的精液，可配几十只甚至上百只母羊，例如，宁夏固原地区绵羊人工授精在1990年的一个配种期（8、9两个月），2只种公羊授配母羊2 075只，其中，43号公羊授配母羊1 134只，25号公羊授配母羊941只，比本交公羊50：1计算，相当于42只种公羊所配的数量，不但节省了种公羊，而且也节省了种公羊的饲养费用，采用人工授精

可大大提高种公羊的利用效率。因此，在开展人工授精时，可以少养种公羊，尤其是引进的国外肉用品种，价格昂贵，数量极少的情况下，既能节省种公羊，也节省很多饲养管理费用。另外，还能充分发挥优良种公羊的作用，提高羊群质量，加速肉羊的杂交改良和培育肉羊多胎新品种。

羊属于阴道受精类型，因此在自然交配时，精液只能射到阴道内，阴道环境又对精子不利，影响精子的寿命。但人工授精，可把精液直接输入到母羊的子宫体内，不仅有利于精子存活，也为受精创造了有利条件，而且能解决母羊由于阴道疾病及子宫颈口位置不正而造成难孕等问题。并且人工授精可防止阴道子宫炎、布氏杆菌病等疾病。

## 第三节　肉羊人工授精技术

人工授精是一种科学的、先进的配种方法，使用人工方法将公羊精液采出，经过稀释后，再用输精器械把精液输入到发情母羊生殖道内使其受孕的方法。

### 一、采精有哪些基本条件？

#### （一）建立人工授精场所的准备

采精场地应选择宽敞、平坦、不滑、安静、挡风避雨、干净卫生，并设采精架保定台羊，供公羊爬跨，便于采精。

#### （二）台羊的准备

为了使公羊产生充分的性反射，采精时最好是用发情母羊作台羊，容易采取精液，若没有发情母羊，也可选择体质健壮比较温顺的母羊作台羊。在采精时要将台羊保定后，清除台羊外阴部及臀部的污染物，并用0.1%高锰酸钾消毒后擦干。

#### （三）调教好种公羊

对初次采精的公羊或性欲低的公羊要进行调教。具体调教应选择以下措施。

将不会爬跨或性欲低的公羊与发情母羊圈在一起。

在其他公羊配种或采精时，让被调教公羊站在一旁，诱导其爬跨。

每天定时按摩公羊睾丸，每次10~15min。

隔日注射丙酸睾丸素1~2ml，连续注射3次。

将发情母羊的阴道流出的黏液抹在公羊鼻孔周围，刺激公羊。

每日让公羊运动2~3h，或在采精前运动0.5h。

### （四）人工授精器具和常用药品的准备

**1. 器械用具的准备**

干燥箱、恒温箱、显微镜、盖玻片、载玻片、假阴道外壳、气嘴、胶塞、假阴道内胎、集精瓶、血球计数器、pH值试纸、擦镜纸、滤纸、长柄镊子、酒精灯、玻璃棒、温度计、广口瓶、量筒、搪瓷盘、开膣器、输精器、输精器调节器、小试管刷、大瓶刷、电热水壶、脸盆、手电筒、水桶、塑料台布、试情布、毛巾、肥皂等。

**2. 药品等的准备**

精制氯化钠或注射用0.9%氯化钠、柠檬酸钠、葡萄糖、乳糖、青霉素、链霉素、高锰酸钾、酒精（95%、75%）、小苏打粉、白凡士林、纱布、脱脂棉、鲜鸡蛋等。

## 二、采精前怎样准备？

凡是采精、输精接触的一切器械、用具都必须做到清洁无菌、干燥。不管是新购进的器械，还是已使用过的器械，都要仔细洗刷干净，然后严格消毒后，存放在消毒过的搪瓷盘内，用消毒好的纱布盖好备用。

### （一）洗涤法

采精、输精等所有器材都用2%～3%的碳酸氢钠进行洗涤，顺序是先玻璃器材，后橡胶制器，最后金属器械等，然后再用清水冲洗3～5次，必须干净而不留残迹，并自然干燥。

### （二）安装假阴道

洗涤干燥后的假阴道安装时，内胎光面向内，粗糙面向外，平整的放入外壳内，然后将内胎的两端翻卷于外壳两端之外，注意不使内胎出现皱褶或打扭，松紧要适当，吹入适量空气，假阴道内胎口成三角形，即安装成功。

### （三）消毒法

消毒时因各种器材的质地不同而消毒方法也不同。

玻璃器材：集精瓶、输精器、玻璃棒等最好采用干燥箱高温干燥消毒，温度控制在130～150℃，并保持20～30min，等温度降至60℃以下时，方可开箱取出使用。也可采用高压蒸气消毒维持20min即可。

橡胶制品：假阴道在采精前1h，用95%酒精棉球先里后外均匀擦拭消毒两次，待酒精挥发后再使用。

金属器械：开膣器等金属可用75%酒精棉球擦拭消毒，也可用酒精灯火焰消毒。

溶液：如配制的生理盐水、白凡士林、稀释液可隔水煮沸 20~30min 或用高压蒸气消毒，消毒时为避免玻璃瓶爆裂，瓶盖取下或在橡皮塞上插上大号注射针头，瓶口用纱布包扎。

## 三、怎样采精？

### （一）假阴道的准备

将消毒好的假阴道一端安上消毒好的集精杯，再用 0.9% 氯化钠棉球由内向外擦拭 2~3 次，以无酒精味为宜。然后在假阴道夹层内注入 50℃ 左右的温开水 150~180 毫升，塞紧活塞，为保证一定的润滑度，在假阴道内 1/3 处用玻璃棒蘸少许灭菌凡士林，由前向里均匀抹在内胎内，再从活塞孔吹入适量空气，以保持假阴道内的压力，假阴道内胎口成三角形时，即表示压力合适。假阴道内胎的采精温度以 39~41℃ 为宜。

### （二）采精

采精时将公羊阴茎包皮周围的污染物用 0.1% 高锰酸钾水消毒，再用消毒纱布或毛巾擦干。采精员蹲在台羊右后侧，右手持已准备好的假阴道，气嘴向下，并注意假阴道倾斜的角度与公羊阴茎伸出方向成一直线。当公羊爬跨台羊而阴茎未触及台羊后躯时，用左手轻轻地、迅速地将阴茎导入假阴道内。这时公羊急速向前一冲，即已射精，公羊射精完毕，从台羊下来时，采精者也随公羊往后退几步，假阴道随着阴茎后移，不要抽出。阴茎由假阴道自行脱出后，即将假阴道直立，筒口向上，打开气嘴放气，取下集精瓶，取集精瓶时注意，假阴道内的水流不能进入集精瓶内，外壳有水也要擦干，以免影响精液品质。

## 四、为什么要检查精液品质，怎样检查？

精液品质与受胎率有直接关系，必须经过检查，评定合格后方可输精。

### （一）精液的颜色和气味检查

正常的羊精液用肉眼观察时，可见精子翻动呈云雾状，颜色为乳白色或白而略带黄（浅黄色），通常乳白色精液中的精子密度大于浅黄色精液，除上述两种颜色外，其他颜色均为异常，如精液混入血液时，呈桃红色或淡红色，混入脓汁时，呈绿色，混入尿液为黄色，生殖道内被污染或混入异物，精液呈灰色或棕褐色。总之，具有异常颜色的精液不能用作输精。

### （二）射精量

肉用绵羊的射精量一般为 0.5~2ml，可用灭菌输精器吸取测量，如成年公羊一次射精量低于 0.3ml，通常精液品质差或采精者失败。

### （三）精子密度的检查

精子的密度是每毫升精液中含有的精子数目。测定密度的目的是为了决定其稀释倍数。因为输精要求一定的精子数目，才能保证母羊达到一定的受胎率。公羊精液的精子密度一般为20亿～30亿/ml，评定精子密度的方法有估算法和计算法两种。

1. 估算法

取一滴原精滴在载玻片上，再盖上盖玻片，置400～600倍显微镜下，观察其密度，通过精子密度可分为密、中、稀3个等级。

"密"即精子充满整个视野。精子与精子之间空隙很小，很难看出单个精子的运动。这种精液一般每毫升中有25亿以上的精子。

"中"精子在视野中是较分散的。精子与精子之间的间隙能容纳一个精子，并容易看出个体精子的运动状况为"中"，这种精液每毫升有精子在20亿以上。

"稀"精子在显微镜视野中分布的很分散，精子与精子之间空隙超过2个精子长度，视野中只有少量精子为"稀"。这种精液不能用于输精。

2. 计算法

估算法虽然可大致推出精子的密度，但是，往往有一定的误差，所以，不能准确测出其密度。因此，用血球计数器算出精子数目，是比较准确的方法。

血球计数器是由稀释管、计数板和盖玻片组成。先用红细胞计数器吸管吸取原精液0.5刻处，用纱布擦去吸管头上沾附的精液，再吸3%的氯化钠溶液至101刻度处，稀释200倍。注意吸管内不能出现气泡，然后擦净吸管尖端，用拇指和食指按住吸管两端，充分摇动精液和3%氯化钠溶液混合均匀，然后挤去吸管前端数滴，将吸管尖端放在计数板与盖玻片之间的空隙边缘，使吸管中的精液流入计数室内。将显微镜调到400～600倍观察，以计数器数出左右上下四角及中央5个大方格内精子数。在查数时，对头部压住边缘格上的精子，只计算上边和左边的头部压线精子。求得五个大方格的精子总数后，乘上1 000万，便求得1ml原精的精子密度。

### （四）精子活力的检查

精子活力是指精液中呈直线前进运动所占的百分率，称为活力。只有呈直线前进运动的精子具有生存能力和受精能力。所以，精子活力与母羊的受胎率有密切关系，它是目前评定精液品质优劣的重要指标之一。精子活力的测定应在37℃左右条件下评定。为此应给显微镜做一个保温箱，并安上一个电灯泡，用来加温和照明。盖玻片、载玻片应事先洗净擦干，并放在保温箱上预先加温。检查

精子活力的方法，是用消毒过的玻璃棒取出一滴原精液，滴在载玻片上，然后盖上盖玻片，薄厚要适中，放在显微镜下检查活力。全部精子都呈直线前进运动评为1级，90%的精子呈直线前进运动评为0.9级，以此类推。通常鲜精活力在0.6级以下不可用于配种。原精液稀释后活力在0.5级以上可用于输精。

## 五、怎样配制稀释液？

### （一）牛奶稀释液的配制

先将鲜牛奶用3~4层脱脂纱布过滤后，蒸煮灭菌15min，冷却至室温，除去浮在上层的奶皮，或吸取中间奶液，即可作稀释液用。也可在100ml奶中，加新鲜卵黄10~20ml，青霉素和链霉素各10万IU，然后充分振荡均匀就可使用。

### （二）葡萄糖卵黄稀释液的配制

葡萄糖3g、柠檬酸钠1.4g，溶于蒸馏水100ml，经过滤后，蒸煮消毒30min，放入冰箱冷藏保存。用时取该基础液80ml，加鲜卵黄20ml，青霉素和链霉素各10万IU。

### （三）0.9%氯化钠配制

精制氯化钠0.9g，溶于100ml蒸馏水，过滤后蒸煮30min，降至室温即可使用，当天配制当天用完，不宜存放。也可用注射用0.9%氯化钠作稀释液。此种稀释液简单易行，稀释后马上输精，但稀释倍数不宜超过2倍。

## 六、精液怎样稀释，如何保存？

### （一）精液稀释

稀释精液的目的，一是为了增加精液的容量给更多的母羊输精。二是为了延长精子的存活时间以便储存、运输，提高种公羊的配种效率。

精液采出后，应在30~40℃显微镜保温箱内镜检，经评定精子活力和密度后进行稀释。稀释时要求稀释液的温度与精液的温度相同或基本相近，而且要尽快稀释，以避免精子受到刺激而死亡。稀释时，先将精液吸到经清洗、消毒的暗色小瓶内，再将事先准备好的稀释液沿瓶壁缓缓加入，然后轻轻摇动混匀。精液的稀释倍数应根据精子活力和密度稀释。

### （二）精液保存

精液保存的目的是为了扩大优秀种公羊的利用效率、利用时间、利用范围，需要有效地保存，而达到延长精子的存活时间。为此必须降低精子的代谢，减缓其能量消耗。精液的保存方法，一是常温保存，精液稀释后，一般在常温15~20℃保存，在这环境条件下，能保存1~2d，精子活力仍可达原精液活力的70%

（最好当天用完）。二是低温保存，在常温保存的基础上，进一步缓慢降低 0 ~ 5℃，一般放在冰箱冷藏室内保存或装有冰块的广口保温瓶中，在这个温度下，保存的有效时间为 2 ~ 3d。

## 七、怎样输精？

### （一）输精前的准备

#### 1. 输精器材的准备

输精所用的器械在使用前必须洗净并严格消毒，方可使用。对输精器及开膛器等用 2% 的碳酸氢钠溶液洗净，再用清水冲洗 2 ~ 3 次，不留残迹，然后再用蒸气消毒或用高温干燥箱内干燥灭菌，也可用酒精消毒。开膛器等金属也可用酒精灯火焰消毒。临输精前，输精器先用 0.9% 氯化钠溶液冲洗 2 ~ 3 次（用酒精消毒必须以无酒精味为止），方可吸精。输精器以每只公羊准备一支为宜。连续输精时，每输完 1 只母羊后，输精器外壁用 0.9% 氯化钠棉球擦 2 次，便可继续使用。开膛器输完 1 只母羊后，用 0.1% 高锰酸钾水洗净，再用温开水冲洗 2 次，然后浸沾 0.9% 氯化钠溶液，即可继续使用。

#### 2. 待输精母羊准备

把待输精母羊放在输精室，如没有输精室，可在室外输精，选择平坦、避风处，以免尘土飞扬。并设母羊输精架，没有输精架，也可采用横杠式输精架，在地面埋上两根木桩，相距 1m 宽，绑上一根 5 ~ 7cm 粗的圆木，距地面高约 70cm，将输精母羊的两后肢担在横杠上悬空，前肢着地，便可输精。另一种简便的方法是挖一个输精坑，用一人保定母羊，使母羊自然站在地面，输精人员蹲在坑内输精。还可采用一人两腿夹住母羊脖子，两手抓住后肢抬高，这也是一种较简便的方法，抬起高度以输精人员能较方便地找到子宫颈口为宜。

### （二）输精

输精前，输精人员将手洗净擦干，用 75% 酒精消毒，然后用生理盐水冲洗后，开始操作。用灭菌的输精器吸 0.9% 氯化钠 2 ~ 3 次，外部用 0.9% 氯化钠棉球擦拭 2 ~ 3 次，然后吸入精液准备输精。其他人员将母羊保定，外阴部用 0.1% 高锰酸钾溶液擦洗干净，输精人员右手持输精器，左手持氯化钠湿润过的开膛器，闭合顺母羊的阴门的形状慢慢插入，之后轻轻转动打开开膛器，用额灯或手电筒光源寻找子宫颈口。子宫颈口的位置不一定正对阴道，子宫颈在阴道内呈一小凸起，发情时充血，潮红，子宫颈口肿胀，松弛，有光泽，容易寻找。在找到子宫颈口后，将输精器的尖端插入子宫颈口深约 1.0 ~ 2.0cm 处，将精液标准量轻轻地注入子宫颈内。注射完后，抽出输精器，再将开膛器半合抽出。有些处女

羊，阴道狭窄，开膣器无法充分展开，找不到子宫颈口，这时可采用阴道输精，但精液量至少增加一倍。

提高肉羊繁殖力主要措施

### 一、如何选择种公羊？

种公羊的选择应从繁殖力高的母羊后代中选择培育。在选择种公羊时，要求母羊个体优秀，产2～3羔中选择体型外貌健壮，睾丸发育良好，雄性特征明显的公羔进行培育。性成熟后采精检查精液品质，及时淘汰不符合要求的公羊。

### 二、怎样选择高繁殖力母羊？

具有高繁殖特性的母羊，应从多胎母羊后代中不断地进行选择，并且要求个体优秀，多胎性强，泌乳性能好。提高了繁殖力就可以提高肉羊的养殖效益，即可减少饲养母羊的数量，把羊群中母羊的比例提高到80%。我们在肉羊杂交试验中，有一农户在小尾寒羊杂种羊的多胎母羊后代中不断进行选择，于2007年选留10只母羊，选择他户1只公羊，以本交配种后，产羔22只（其中，产双羔母羊8只，产3羔母羊2只），产羔率为220%。羔羊饲养到3月龄平均体重19.5kg。2008年引进肉用特克塞尔羊公羊与这10只母羊杂交，产羔率为200%（其中，产双羔母羊8只，产3羔母羊1只，产单羔母羊1只），在相同的饲养条件下，特克塞尔羊杂种一代羔羊生长发育快，3月龄平均体重为26.7kg，比同龄寒杂羔羊增重7.2kg，提高36.9%，这就表明，选择高繁殖力母羊是发展肉羊生产的有效技术措施。

### 三、如何利用多胎基因？

国内外利用多胎品种与低繁殖力品种杂交，在提高母羊繁殖力和培育多胎高产新品种上起到了积极作用。国外利用芬兰的兰德瑞斯羊，俄罗斯的罗曼诺夫羊、澳大利亚的布鲁拉羊，为生产羔羊肉和培育肉羊新品种起到良好的效果。而国内利用小尾寒羊、湖羊多胎品种作父系，在全国二十几个省、自治区引进，与当地绵羊品种杂交，提高当地绵羊品种的繁殖力，均收到了良好的效果。

固原地区当地绵羊品种，繁殖力低，年产1胎，胎产1羔，产羔率为103%。为改进当地绵羊的繁殖性能，于20世纪90年代初引进小尾寒羊公羊，与当地母绵羊杂交。经十几年群众自发开展与本地绵羊及其各类羊的杂交改良，又通过自然选择和人工选择的作用，寒本混血羊（简称寒杂羊），截至 2009 年存栏达 19.5 万只。为了探明寒本杂交羊的基因试验，我们从 1996 年开始，引进山东梁山县小尾寒羊，与本地绵羊杂交，试验结果表明，寒本杂一代母羊产羔率为 136.8%，二代母羊产羔率为 192.19%，三代自繁群母羊产羔率为 203.57%，由原年产 1 胎提高到普遍为两年 3 胎，形成了高繁殖力群体。经过在多胎母羊后代中不断地进行选择，产羔率仍会继续提高，利用该多胎特性发展羔羊肉生产，已取得良好的效果。

## 第五节　肉羊的选种选配

### 一、肉羊的选种

选种的目的是选出优秀的公、母羊个体，利用它的遗传优点，通过选配，进一步提高羊群的数量和质量。选种时要特别重视对种公羊的选择，因为"母好好一窝，公好好一坡"，一只公羊能配很多只母羊，对后代影响大。当然，对母羊也要选优去劣。羊的选种方法很多，常用的有个体选择、系谱选择、后裔测定。

#### （一）个体选择

个体选择是根据个体本身的表现来评定种羊的价值。羊的个体选择主要通过个体品质的鉴定和生产性能的测定进行全面的综合评定。

个体品质方面，被鉴定的个体应具有该品种的体形外貌及相应特征。选留的种公羊一般要求体格大，体质结实、健壮，头颈结合良好，胸部宽深，背腰平直，后躯丰满，肢势端正，眼大有神，耳大灵敏，嘴大采食快，精力充沛，食欲旺盛。种公羊要有良好的雄性表现，性欲旺盛；两侧睾丸发育匀称，大小适中。凡单睾、隐睾及精液品质差者，都不能留作种用。被淘汰的公羊要及时去势，以免偷配。选留的种母羊一般要求体大结实，腰长腿高，善于行走，采食性能良好；后躯大，后裆宽，乳房发育好，发情明显，母性行为强；毛色要尽量一致，精力旺盛，反应灵敏，健康无病。

生产性能方面包括生长发育、繁殖性能、产毛量及羊毛品质、产肉性能等，具体指标要根据羊的生产方向而定，这是评定个体品质的最主要内容。

#### （二）系谱选择

系谱选择是对准备种用的羊只进行系谱分析，从血统方面考察其祖先的情况。如果祖先优良，本身和亲祖代有共同特点，即证明遗传性稳定，从来源上考

察可作种用。考察系谱要查三代，即父母代、祖代和曾祖代，了解其生产性能（如产毛量、羊毛品质、繁殖性能等）和遗传性能。在考察系谱时，要着重了解父母代的品质和性能，因为血缘越近对后代的影响也越大。一只羊在幼年期，本身的性能没有表现时，通过了解祖先的成绩，对于能否选作种用有重要参考价值。

### （三）后裔测定

后裔测定是通过研究后代的生长发育、生产性能和外貌特征来判断种羊的种用价值的一种方法，这是选种羊的最好方法，因为选留种羊的目的，就是要它把优良性状遗传给后代。如果这头羊的后代都与它酷似，证明选择正确。但后裔测定也有缺点，就是需要时间太长，要等后代有了成绩以后才能测定，而且要求后裔测定的公、母羊要随机配对，羊群环境条件必须相同，使后代间对比条件一致，而且后代要有一定数量。因此，后裔测定仅限于选择种公羊。

目前由于冷冻精液技术的提高，在后裔测定的同时可对精液进行冷冻保存，因此后裔测定显得更有价值。

## 二、肉羊的选配

肉羊的选配是选择适当的公羊与母羊配种，以期获得品质优良的后代。我们通过选种摸清了羊只的品质，再通过选配来巩固选种的效果，所以选配是选种工作的继续，两者缺一不可。

选配分同质选配和异质选配两种。同质选配是选择具有相同特点的公、母羊进行交配，以使这一特点得到巩固和提高。例如，长毛公羊与长毛母羊交配，可得到长毛的后代。异质选配是对具有某些缺点的母羊，选择能克服这一缺点的公羊进行交配。如毛短的母羊与毛长的公羊交配，则后代的毛较长。

选配工作不是公、母羊个体间的简单交配，而是提高羊只后代品质的重要手段。进行选配时应注意以下几点：公羊的品质要高于母羊，最好使用经过鉴定的特级、一级羊；缺点相同的公母羊不能交配；尽量使用遗传力高的壮年种公羊。此外，选配时还要注意血缘关系的远近。如果交配的公、母羊血缘太近，造成近亲繁殖，会产生没有肛门、瞎、呆、弱、小等的后代，所以在养羊业生产中应避免血缘在5代内的近亲繁殖。

## 第六节　提高肉羊繁殖力的基本措施

　　肉羊繁殖力高低与养羊效益关系极大，而肉羊繁殖力的高低受很多因素的影响，其中，主要是羊的品种、年龄、饲养管理水平、配种季节和方法的选定，以及配种技术水平的高低等。另外，在配种过程中，是否使用外源激素和免疫技术，对繁殖力的高低也有很大影响。

### 一、加强营养，保持良好体况

　　充足的营养和良好的体况，是保证肉羊生命和高繁殖力的物质基础。对于种公羊，在全年均衡合理饲养的条件下，从配种前 30～40d 开始加强饲养管理，对预防不育和繁殖力下降极为重要，应给予足够的营养（蛋白质、维生素和微量元素等），以保持良好的体况和旺盛的性欲。营养不足、体况过瘦固然不好，但营养过剩、体况过肥同样也不利，所以种公羊的饲养管理要科学、合理。

　　母羊群在配种前 1～1.5 个月，如能获得丰富的营养，充足的运动（放牧饲养的母羊在最好的放牧地上放牧，并保证每天放牧 10h 以上），再加上从配种前 20d 起，每天都能补饲一定量含蛋白质、维生素和矿物质丰富的饲料，可使羊群发情整齐、多排卵，提高产羔率 10% 以上。群众说"羊满膘，多产羔"，是很有道理的。

### 二、加强对种羊的选留

　　注意从一胎多羔的公、母羊后代中选留种羊，因为羊的多胎性具有较强的遗传性，选择的作用很大。对于种公羊，注意在不良环境条件下进行抗不育性的选择，因为在不良环境下更容易显示和发现繁殖力低的种羊。经常检查精液品质，及时发现并淘汰不育或不能担任配种任务的公羊，在自然交配情况下更要做到这一点。在组建繁殖母羊群时，不仅要选择有多胎性的品种，还要选择具有多胎遗传性的母羊个体，最大限度地提高羊群多胎基因的频率。此外，产羔率与母羊年龄有关。因此，组群时，一是母羊的年龄结构要合理，使 2～5 岁羊在繁殖母羊群中的比例达 75% 左右，1 岁羊比例在 25%；二是及时淘汰老龄羊和不孕不育羊，就能使繁殖力不断得到提高。

### 三、适时配种

　　首先是选定适宜的配种季节。对季节性发情的母羊，在北方寒冷地区，一般

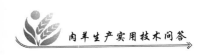

每年多从 8 月到 12 月为较合适的配种季节。这段时间日照由长变短,羊群膘情好,营养易获得满足,发情集中,排卵数也较多和较容易受胎,受胎母羊的双羔率较高。对于非季节性发情和使用激素诱导发情,开展两年三次配种和三次产羔的母羊来讲,也要尽量把其中两次配种的时间安排在较为适宜的配种季节里,否则,其两年多产一次羔羊的收效,就会因配种季节安排不当而使繁殖力大为下降,其结果往往得不偿失。

其次是选择配种时机。受胎率和配种时机关系很大。母羊多在发情中期排卵,所以在此时配种就容易受胎。但年龄不同,发情持续的时间长短不一样,因而配种时机的掌握上也不一样。一般经验是"早配老,晚配少,壮配中,最可靠",意思是说,老母羊发情持续时间短,应在发情后提早配种;小母羊发情持续时间长,配种时间稍推后;中年母羊发情持续时间适中,配种时间在两者之间。配种时采用重复交配或多次输精的方法,可提高受胎率。

最后,对于种公羊,应注意精液品质的季节性变化。精液品质一般秋季最好,夏季较差。在炎热天气到来之前,给公羊及时剪毛和在白天进行降温,对精液生产有积极效果。再者,对优秀种公羊的精液进行恰当处理及体外保存,推广应用精液冷冻技术,并在人工授精的全过程中正确实施操作规程,无疑会取得理想的受胎效果。

## 四、利用外源激素和免疫技术控制母羊的发情、配种和诱发其分娩

利用孕激素类药物、前列腺素及其类似物(如氯前列烯醇),配合使用孕马血清促性腺激素或促排卵 3 号等制剂,控制母羊的发情和排卵,不仅可以使母羊群能够按照人们的意愿同期发情和排卵,还能使母羊多排卵,受胎率和产羔率都得到提高(一般产羔率可提高 30% ~ 50%)。另外,由于羊群能按人的安排分期分批集中产羔,可大大提高接羔、育羔水平,羔羊的成活率也就比较高。

## 五、实行羔羊早期配种

近年来许多研究表明,实行羔羊早期配种已是目前世界养羊繁殖进展的成效之一。提早母羊的初配年龄,不仅对其生长发育没有明显不好的影响,而且可使母羊在一生中多产一次羔羊,还可以及早地通过其繁殖发现和选定优良的种用个体,缩短世代间隔,加快羊群遗传的进度,对生产和育种十分有利。母羊早配,虽然会使其早期生长发育暂时受阻,然而到周岁时与未配种的同龄母羊相比,其体重相差甚微。怀孕和泌乳时对母羊生长发育的影响只是脂肪减缓,对肌肉、骨骼等的生长发育并未产生不利的影响,早配母羊赶上未早配的母羊一般是在 16 月龄之前,发育受阻的损失可在 16 ~ 18 月龄期间得到补偿。到 2 ~ 2.5 岁时,无

论是早配母羊还是未配母羊，都达到了相同的体重。早配母羊难产率低。

公羔体重达成年体重的 50% 以上时，也可进行早期配种，年龄多在 7 ~ 10 月龄，但公羊早期配种能力和精液品质较差。在利用时，要选择生长发育好、阴茎发育充分、睾丸发育正常的公羊，其配种数量应适当减少。

## 第七节 肉羊繁殖新技术

现代养羊业的一个突出特点，就是在繁殖周期的各个阶段人为地加以控制，通过采用同期发情、冷冻精液、超数排卵与胚胎移植等先进技术，卓有成效地提高肉羊的繁殖性能，从而取得最大的养羊效益。

### 一、同期发情

同期发情就是利用某些激素人为地控制和调整母羊自然发情的周期性，使母羊群在同一时间内同时发情的一种方法，其好处是，同期发情，集中配种，可以缩短配种季节，有利于推广人工授精，又因配种同期化，对以后的分娩产羔、羊群周转及商品羊的成批生产等一系列的管理带来了方便，适应现代化、集约化或工厂化生产的要求。

同期发情的方法有促进黄体退化法和孕激素处理法。

#### （一）促进黄体退化法

应用前列腺素及氯前列烯醇等前列腺类似物，能加速黄体消退而使处理母羊同期发情。目前我国多用氯前列烯醇，它不仅药效较高，价格也较便宜。

每只羊肌内注射市售氯前列烯醇 0.4 ~ 0.5ml，隔 9 ~ 11d 再注射 0.4 ~ 0.5ml。在注射完第 2 针氯前列烯醇后 55 ~ 57h，每只羊肌内注射促排卵 3 号（LR（ -A$_3$）30μg，立即给处理母羊输精一次，便能获得较好的同期发情羊同期受胎的效果。也有采用注射完第 2 针氯前列烯醇后 48h，注射促排卵 3 号后输精一次，隔 8 ~ 12h 后再输精一次的办法。此外，在注射第 2 针氯前列烯醇前 1 ~ 2d（或注射后 4h），每只羊皮下注射 400 ~ 750IU 孕马血清的方法，效果也较好。

#### （二）孕激素处理法

使用孕激素类药物处理母羊后，能抑制垂体分泌促卵泡成熟素，使卵泡发育不同的母羊卵泡逐渐都处于同期状态。然后同时停止用药，使所有经过处理的母

羊的卵巢都同时恢复正常的机能，便能同期发情和排卵。

常用孕激素类药物及每只羊的用量为：孕酮，150～300mg；氟孕酮，30～60mg；甲孕酮，40～60mg；甲地孕酮，80～150mg；18甲基炔诺酮，30～40mg。孕激素给药处理的方法有口服、肌注、皮下埋植和阴道栓塞等。在此仅介绍阴道栓塞法。

用海绵或泡沫塑料做成长、宽、厚均为2～3cm的方块，将孕激素溶于植物油中，吸附于海绵或泡沫块中，每个海绵或泡沫块中间拴一细绳，再用长镊子和开膣器将它塞进羊的子宫颈口处，放置14～16d。细绳的另一端留在阴户外，以便停药时拉出阴道拴。阴道栓取出后，立即注射孕马血清400～750IU，过2～3d，母羊便可发情，采用此法的母羊，在取出阴道栓后48h输精一次，隔8～12h再输精一次；或者在取出阴道栓后的55～57h输精一次，受胎效果与两次输精相同。如果在第一次输精前能再注射促排卵3号30μg，受胎效果就更好。

## 二、诱发分娩

尽管实行同期发情配种，已能使羊的分娩相对集中和羔羊大小较为整齐，但是，前列腺素及其类似物（如氯前列烯醇），有激发子宫和输卵管收缩的特性，起催产的作用。在妊娠达140d后的傍晚，给妊娠母羊肌内注射前列腺素15mg（15ml）或注射氯前列烯醇15mg（15ml），40h内至少有50%的处理母羊成功地分娩，而注射16mg的糖皮质素，12h后有70%母羊产羔，从而可使同期受胎母羊的分娩更为集中，这样，就更有利于接产、护羔和育羔。

## 三、诱发发情

诱发发情，即母羊在季节性乏情期内，人工使用外源激素，引起母羊正常发情和配种的一项技术。利用这项技术能缩短母羊的繁殖周期，使羊在一年中可产两次羔，或在两年中产3次羔，增加母羊一生中产羔的胎次和数量，对季节性乏情母羊的处理方法是：连续12～16d给母羊注射孕酮，每次用量10～12mg，随后在1～2d内一次注射孕马血清750～1 000IU，便可引起母羊发情和排卵。也可用甲孕酮、甲地孕酮等合成孕激素制剂代替孕酮。此外，把注射法改为阴道栓塞法处理将更加方便。

## 四、激素免疫法诱产双羔

激素免疫法的原理就是利用卵泡发育和黄体形成过程中某些孕酮和雌激素的

抗原性，制成抗原免疫药物，让其诱发母羊产生抗体，使母羊血液中天然游离的雌激素水平降低，刺激促性腺激素分泌，加速卵巢中卵泡的成熟，使母羊同时有多个成熟卵子排出，从而使羊群产双羔的母羊比例增多。

目前，我国已由新疆生产出以雄烯二酮为主体的激素抗原免疫型药物，其商品名称为 XJC－A 型双羔苗。使用方法：在配种前 40d，每只羊肌内注射双羔苗 2ml，28～30d 后再注射一次，用量与第一次相同，过 10d 左右即可配种。兰州生药厂生产的油剂只需注射一次即可，用量每只 2ml。

影响双羔苗应用效果的因素有以下几个方面：母羊膘情好，产双羔的增多，营养缺乏，矿物质供应不足，双羔苗应用效果不大；繁殖力较低的品种比繁殖力较高的品种应用效果好；母羊配种时体重大的比体重小的应用双羔苗的效果好，初配羊与经产羊应用双羔苗的效果无明显差异。

## 五、冷冻精液

将采得的精液用乳糖稀释液（11% 乳糖 75ml，卵黄 20ml，甘油 5ml），按 1～3 倍稀释后，放入冰箱中在 3～5℃经 3～4h 降温平衡，然后用注射器将精液分装入聚氯乙烯细管或安瓿中。细管和注射器使用前也放在同一冰箱内。精液在液氮上部的挥发气中（－18℃左右）冷冻。经冷冻处理的精液在超低温条件下（－196℃）可长年累月保存而不变质。

输精时，将细管取出经 75℃ 10s 水浴解冻后立刻输精，发情的母羊输精两次，每次输 0.1～0.15ml。

## 六、超数排卵和胚胎移植

超数排卵就是使用促性腺激素类似物处理繁殖母羊，使其排卵数增加。其目的在于输精后能获得较多的受精卵，受精卵即可移植，"借腹怀胎"形成新的个体，因此超数排卵只是胚胎移植的环节之一。

胚胎移植是从一头母羊（供体）的输卵管或子宫内取出早期的胚胎（受精卵）移植到另一头母羊（受体）的输卵管或子宫内，让其"借腹怀胎"继续生长发育。结合超数排卵技术，胚胎移植可迅速繁殖优良品种的后代，扩大纯种数量。

## 肉羊常见疾病防治

### 第一节　常见传染病

#### 一、什么是传染病，如何防治？

凡由病原微生物引起，具有一定的潜伏期和临床症状表现，并传染的疾病为传染病。

**（一）疫病传播途径**

传染病的传播方式有两种，一种是直接接触传染，如绵羊传染性阴道炎、布鲁氏菌病通过交配而传染。另一种是间接接触传染，病原体是通过媒介物而传染的。如通过饲料、饮水、空气、土壤、用具、圈舍及活的传递者吸血昆虫、动物等间接使健康羊发生传染。有的传染病如口蹄疫，既能直接接触传染，也能间接接触传染，一旦发生往往大规模流行。

**（二）预防**

防控传染病，应根据本地常发生传染病的种类和目前疫病流行情况，制定切实可行的免疫程序，按免疫程序进行预防接种，使肉羊从出生到淘汰都可获得特异性抵抗力，降低对疫病的易感性。

**（三）发生疫病如何处理**

发生传染病时，将疫情立即上报有关部门，并且迅速隔离患病羊只，对受过污染的环境、饲料、用具、粪尿等进行严格的紧急消毒。若发生危害大的疫病如口蹄疫、炭疽等烈性传染病，在正确诊断后，按国家有关规定处理，并及时采取封锁等综合措施，同时用疫（菌）苗，抗血清紧急接种，对病羊进行及时合理的治疗。

### 二、怎样进行预防注射？

预防注射是针对羊传染病最积极的措施。在每年春、秋两季给羊只定期注射疫苗，使其获得免疫力，以保护羊群不致受到传染病的危害。如果在羊群内发现了某种传染病时，就要临时采取预防注射，制止继续扩大传染，这叫紧急预防注射。

定期预防注射用的是疫（菌）苗或类毒素。紧急预防注射须使用血清或抗毒素。关于各种生物药品的具体使用方法，应严格按照各制品瓶签或说明书上的规定执行（参考下表）。

**常见传染病的预防**

| 疫（菌）苗名称 | 所防病名 | 用法及用量 | 产生免疫时间（天） | 免疫期（月） | 适宜注射期 |
|---|---|---|---|---|---|
| 羊三联苗 | 快疫猝疽肠毒血症 | 皮下或肌内注射5ml | 14 | 6~8 | 春、秋季 |
| 炭疽芽孢苗 | 炭疽 | 尾皮内注射1ml | 14 | 12 | 春或秋季 |
| 口蹄疫灭活疫苗 | 口蹄疫 | 肌肉或皮下注射羔羊0.5ml，成年羊1ml | 12 | 6 | 春、秋季 |
| 羊痘鸡胚化弱毒冻干苗（山羊痘弱毒冻干苗） | 羊痘 | 尾内或股内侧皮下注射，绵羊0.5ml，山羊1ml | 6 | 12 | 春、秋季 |
| 羔羊痢氢氧化铝菌苗 | 羔羊痢疾 | 母羊分娩前20~30d和10~20d，分别皮下注射2~3ml | 10 | 5 | 每胎产羔前 |
| 传染性脓胞弱毒苗（口疮弱毒细胞冻干苗） | 口疮 | 口腔黏膜内或划痕或注射每只0.2ml | 10 | 6 | 春、秋季 |

### 三、什么是口蹄疫，怎样预防？

#### （一）病原及流行特点

口蹄疫病毒类型较多，各型病毒不能交互免疫，偶蹄动物都能被感染。人有时也能被感染，尤其是儿童。该病多由直接接触而传染。被病毒污染的草场、圈舍、饲料、饮水、用具等是传播该病的媒介。如在发病期和潜伏期的病畜的分泌物、排泄物中，几乎都含有病毒。恢复期的家畜也能机械地带毒，起到散播传染的作用。苍蝇、羊虱蝇及野生偶蹄动物，对该病传播也能起到一定作用。因此，该病传播迅速，属一种急性，高度接触性传染病，国家规定为一类动物疫病。

#### （二）症状及病史

潜伏期一周左右，主要病状初期体温升高，食欲废绝，反刍减少或停止，流涎，精神沉郁。山羊口腔的水泡多发生在口膜，呈弥漫性口膜炎，水泡发生于硬腭和舌面，形成烂斑。绵羊的蹄部症状明显，口腔黏膜变化较轻。四肢的皮肤、蹄叉和蹄踵发生水泡和糜烂，严重的发生化脓，坏死甚至蹄甲脱落，羊只跛行，甚至不能站立。

#### （三）预防

曾发生或有可能发生口蹄疫的地区，每年定期进行接种。所用疫苗的型别应与流行地区的病毒型别相符。使用后的器械及疫苗瓶必须进行消毒。

#### （四）治疗

该病一旦发生无需治疗，病羊同群应按国家有关规定处理。

### 四、怎样防治羔羊痢疾？

#### （一）病原及流行特点

羔羊痢疾是羔羊以剧烈腹泻和小肠溃疡为特征的急性传染病，主要危害7日龄以内的羔羊。该病常可使羔羊发生大批死亡。该病的病原为B型魏氏梭菌所致。当母羊怀孕期营养不良，羔羊出生后体弱；气候寒冷，羔羊受冻，人工哺乳不当，饱饿不均，以及接羔时清洁卫生条件差等易诱发该病。

#### （二）症状

发病的潜伏期1~2d，发病初期精神委顿，低头弓背，不想吃奶，喜卧，不久发生持续性腹泻，粪便恶臭，后变为水样，并含有泡沫，黏液和血液，后期肛门失禁，病羔逐渐虚弱卧地不起。若不及时治疗，常在1~2d内死亡。其主要表现是精神症状，四肢瘫痪，卧地不起，呼吸急促，口流白沫，最后昏迷，头向后仰，体温降至常温以下，常在数小时至十几小时内死亡。

### （三）预防

正常发病地区，应定时注射四联苗（羊快疫、猝疽、肠毒血症、羔羊痢疾）。

平时加强妊娠母羊后期的饲养管理，所生羔羊体格健壮，抗病力强，并能吃到足够的母乳。

抓好平时的消毒工作，产羔前对产羔棚、舍及用具等进行一次彻底清扫、消毒，保持圈舍干燥，对母羊的乳房用3%来苏尔擦洗。羔羊生后吃初乳前，先将母羊的初乳挤去几滴后，再让羔羊吃母乳。

出生羔羊的脐带用碘酒消毒，并灌服土霉素半片（0.125g），1次/d，连续灌服3d，对该病有一定的预防效果。

发现病羔及时隔离治疗。

### （四）治疗

治疗羔羊痢疾的方法很多，常用治疗方法：

土霉素0.2~0.3g，加胃蛋白酶0.2~0.3g，用水灌服，3次/d。

磺胺脒0.5g，鞣酸蛋白0.2g，次硝酸铋0.2g，重碳酸钠0.2g，或再加呋喃唑酮0.1~0.2g，加水灌服，3次/d。

呋喃西林0.5g，磺胺脒2.5g，次硝酸铋6g，加水100ml混合，羔羊每次灌服4~5ml，3次/d。

发病之后即用胃管一次灌服6%硫酸镁20~30ml（内含0.5%福尔马林）经6~8h再用胃管一次灌服1%高锰酸钾溶液10~20ml。

## 五、什么是绵羊肠毒血症，如何防治？

### （一）病原及流行特点

肠毒血症又称软肾病，是绵羊一种急性传染病，多呈散发性流行。可侵害各种年龄的绵羊，主要危害2~12月龄的羊。

该病病原为D型魏氏梭菌，又称产气荚膜杆菌，主要存在于病羊的十二指肠、回肠内容物和粪便及土壤中，健康羊采食了被污染的饲料或经过饮水而被感染。被感染后的细菌即在真胃和小肠内大量繁殖，产生多量毒素。毒素被吸收以后，可使羊体发生中毒，可迅速致死。

### （二）症状

病状可分为最急型和急性型两种，最急型的特点为突然发作，呼吸困难，时有磨牙、流涎，具有腹痛症状，短时间即倒地死亡。急性型的羊病程稍长，表现兴奋不安，全身发抖，咬牙、倒地、四肢抽搐痉挛，左右翻滚，头颈向后反张，口流白沫，临死前腹泻，粪便有恶臭气味，混有血液及黏液，四肢及耳尖发凉，

体温一般不高，在昏迷中死亡。

### （三）预防

常发病地区，在该病流行季节前给羊群接种三联苗。另外，不要喂高浓度精料及突然变换饲草。

### （四）治疗

由于病程急促，往往来不及治疗。对于病程较慢的病例，可用抗生素或磺胺药，结合强心、镇静对症治疗。

## 六、什么是绵羊痘，如何防治？

### （一）病原及流行特点

羊痘是一种急性接触性传染病，病原是绵羊痘病毒，病毒的抵抗力很强，一般消毒药不易杀死，在3%石炭酸、2%福尔马林，2%火碱热溶液，30%热草木灰或20%石灰水才能将其杀死。羊痘多发于春、秋两季，传播很快，病的主要传染源是病羊，病羊呼吸道的分泌物，痘疹渗出液、脓汁、痘痂皮中都含有很多病毒，病期的任何阶段都有传染性。当健康羊和病羊直接或间接接触时，很容易受到传染。并且受到羊痘病毒污染的饲料、饮水、草场、死羊的皮，毛等都能成为传播的媒介。患羊痘痊愈的羊能获终身免疫。

### （二）症状

潜伏期6~8d。病初体温升高41~42℃，精神沉郁，食欲不振，呼吸脉搏加快，眼结膜及鼻黏膜充血，鼻腔流出有浆液、黏液或脓性分泌物。经1~2d发痘，痘疹多发于无毛或少毛部位，如眼周围、鼻、唇、口角、四肢内侧、尾的内面，乳房、阴唇、阴囊、阴茎包皮及胸部发生红色圆形斑点，过1~2d形成豌豆大小的硬结节。再过3~5d变成水泡，水泡中间稍有凹下，内含清亮的浆液，周围红肿，体温开始下降。水泡经2~3d（由于化脓菌的侵入）变为脓疱，此时体温二次升高。脓疱再过3d后逐渐破裂干涸，结成褐色的痂。痂经4~6d脱落，遗留红色瘢痕，即已痊愈。

病轻的痘疹稀少，常有丘疹不经过化脓就形成痂皮干燥而脱落。病重的痘疹可遍布全身，痘疹内出血，化脓、溃疡形成坏疽，并发肺炎、胃肠炎、败血症，通常引起死亡。孕羊常因该病而造成流产。

### （三）预防

加强饲养管理，增强机体抗病力。

对流行地区的健康绵羊，每年定期注射疫苗。

不从疫区购买羊只，要购买的必须严格隔离检疫。

（四）治疗

对病羊加强护理，注意卫生，给予软嫩而容易消化的饲料，给饮清洁水。对皮肤上的痘疮，涂以碘酒或紫药水，水泡或脓泡破裂后，应先用3%来苏尔或石炭酸洗涤，然后涂药。对黏膜上的病灶可用1.0%高锰酸钾洗涤后，涂以碘甘油或紫药水，防止口腔黏膜继发感染，促进糜烂面的愈合。病重的羊为防止并发肺炎、胃肠炎、败血症可用青霉素或磺胺类药物。

## 七、什么是炭疽，什么季节最容易发生？

### （一）病原及流行特点

炭疽菌在动物体内形成荚膜，散播在外界的炭疽杆菌在一定的条件下能形成芽孢。炭疽芽孢对外界因素抵抗力很强，在土壤中或水中能存活数年。

炭疽是由炭疽杆菌引起的人畜共患病，一年四季均可发病，以春、夏两季为多见，特别在雨量较多时期，此病多发生。传播途径主要经消化道、呼吸道、皮肤破伤、病羊的粪便、内脏、皮、毛等污染了土壤水源。吸血昆虫吸入病毒后，当其再吸健康的血液时，即随唾液进入体内受感染。

### （二）症状

潜伏期一般为1~5d。根据病程的不同，炭疽可分为最急性、急性和亚急性3种类型。羊患此病多为最急性，发现羊尸而不知何时死亡的。能看到症状的，突然昏迷倒地、磨牙、口及鼻孔流血，数分钟死亡。急性和亚急性病羊表现不安，呼吸困难，行走摇摆，体温升高40℃以上，鼻孔黏膜发紫、唾液及排泄物呈红色。肛门出血，全身痉挛而死。

### （三）剖检

尸体膨胀，尸僵不完全，天然孔出血，血液凝固不良。剖检可见皮下和浆膜下结缔组织有胶样浸润和出血，脾脏肿大为特征。

### （四）预防

在发病地区，每年定期对羊注射炭疽2号芽孢苗，皮下注射1ml，可获1年的免疫力。

发现病羊立即隔离，并应封锁场所。对死羊不可剥皮吃肉，将尸体及污染物（包括吃剩的饲料、粪便）都应用火烧掉，彻底消灭病菌。对场所、羊舍一般用20%漂白粉溶液或2%热碱水浇洒消毒。经1h后再洒一次。各种用具用热碱水浸泡消毒。污染的皮、毛用福尔马林熏蒸消毒。

### （五）治疗

病初非急性病例，多数可以治愈。治疗中应加强饲养管理。抗炭疽血清静脉

或皮下注射 30～80ml，第一次注射剂量较大，经 12h 后，病情不见好转，再重复注射一次（注射血清前防止过敏，可事先注射 0.5～1ml，经 0.5h 无反应再注射全量）。

最常用的是青霉素，第一次用 80 万 IU，以后每隔 4～6h 用 40 万 IU 肌内注射。也可用大剂量作静脉注射。

内服磺胺嘧啶片或磺胺噻唑片，剂量按体重 0.1～0.2g/kg（全日量），分 3～4 次灌服。每 4h 内服一次，连续 3～5d。

## 八、羔羊大肠杆菌如何防治？

大肠杆菌病是病原性大肠杆菌引起的羔羊急性传染病，致病性大肠杆菌为革兰氏阴性。

### （一）流行特点

该病舍饲羊易感染，主要侵害 2～6 周龄的羔羊，但 3～8 月龄的羔羊也可发生，一周岁以上的羊很少发病。该病一年四季均可发生，但多发生于冬春时期，尤其饲料中缺乏足够的维生素、蛋白质等营养，气候突变，羊舍潮湿，通风不良，羔羊先天发育不良或后天营养不足等均可诱发该病。

### （二）症状及病变

该病分为败血型和肠型。败血型主要发生于 2～6 周龄的羔羊，病初体温达 41.5～42℃，精神委顿，结膜潮红，呼吸困难，并有精神症状，四肢僵硬，运步失调，头常弯于一侧，视觉障碍、磨牙、头向后仰，肢作划水动作，口吐泡沫、鼻流黏液。有些羔羊关节肿胀、疼痛、随后昏迷，由于并发肺炎而呼吸困难，多于发病后 4～12h 死亡。肠型：主要发生于 7 日龄内的羔羊。病初体温达 40.5～41℃，不久下痢呈液状，含泡沫，混有血液和黏液，病羊腹痛、拱背、委顿、虚弱、卧地，不及时救治，急性 1h 死亡，慢性可延长 2～3d，病死率 15%～75%。

### （三）预防

加强饲养管理，搞好饲养环境卫生，冬春气候突变，及时增加保温设施，定期用福尔马林进行圈舍消毒，能有效控制该病。

### （四）治疗

可使用沙星类药物、土霉素、磺胺类等抗生素治疗，同时配合补液，调理胃肠机能。

## 九、如何防治羊传染性口疮？

### （一）病原及流行特点

羊传染性口疮又称羊传染性脓疮皮炎，也称羊传染性脓疮，是由病毒引起的一种传染病。该病主要危害 3~6 月龄的羔羊，成年羊也易感染，但发病较少，呈散发性传染。该病一年四季都可发病，但以春夏发病为多。病羊和带毒羊是传染源。传播途径主要是皮肤、黏膜的擦伤。因该病毒的抵抗力强，在羊群中常连续多年发生。

### （二）症状及病变

潜伏期 3~6d，主要发生口唇型，其他如蹄形、外阴型较少见。口唇型是常见的病型，主要发生在口角、上下唇、鼻镜等处形成小结节，随后形成水疱或脓疱，脓疱破溃后，结成黄色或棕色的疣状厚痂。严重时波及唇周围、颜面、眼睑、耳廓等部，病羊因整个嘴唇肿大、疼痛、结痂影响采食，同时常有继发感染，引起深部组织的化脓、坏死，有的出现部分舌的坏死、脱落、衰竭而死。

### （三）预防

在该病流行地区，在羊口唇黏膜内注射 0.2ml 羊口疮活疫苗进行免疫预防。

### （四）治疗

对口唇型和外阴型病羊，用 0.1%~0.2% 高锰酸钾溶液冲洗创面，再涂以 2% 的龙胆紫、碘甘油或 5% 的土霉素软膏或青霉素软膏，2 次/d。为防止继发感染，可注射抗生素或内服磺胺药物。

## 十、什么是布氏杆菌病？如何防治？

布氏杆菌病是由布氏杆菌引起的一种人畜共患慢性传染病，以怀孕母羊流产、不育、乳房炎和公羊睾丸炎、关节炎为发病特征。

### （一）病原特征

布氏杆菌为小球杆菌，革兰氏染色阴性，感染家畜的布菌，分牛、羊、绵羊、猪、犬五型，分别对相应的动物毒力强。以羊型布氏杆菌对人的致病力最强。布氏杆菌能形成荚膜，不产生芽孢，不运动。布氏杆菌对高温、直射日光、腐败、发酵抵抗力弱，若用巴氏消毒法，10~15s 内死亡，用一般消毒剂 15s 死亡。对卡那霉素、庆大霉素和氯霉素敏感。

### （二）流行特点

布氏杆菌的最易感动物为：牛、羊、猪，人也最易感染。病畜和带菌动物为主要传染源，病原存在于病畜和带菌动物的分泌物和排泄物中，流产母畜的排出物中含有大量病原，是最重要的传染源。主要经消化道感染，也可经生殖道、皮肤和黏膜感染。该病无明显的季节性，幼畜有一定的抵抗力，母畜较公畜易感。该病在《中华人民共和国动物防疫法》中，被列为二类传染病。

### （三）症状

该病的临床症状不明显，常为隐性经过。潜伏期6~30d，平均为14d。发病时的主要表现为：

怀孕羊流产，常发生在孕后3~4个月。

流产前怀孕羊的阴唇、阴道黏膜潮红肿胀，流出淡黄色黏液。

流产前母羊腹痛不安，产出死胎或弱胎，常伴有胎衣不下。

乳房炎轻重不一，轻则乳糖含量减少，重则乳房硬肿，乳汁变质，甚至失去泌乳能力。

公羊主要的表现为睾丸炎，后肢关节肿胀，跛行或卧地不起。

### （四）剖检病变

主要是流产胎儿和胎衣的病变。胎儿皮下、肌肉结缔组织胶样浸润，胸膜腔有微红色积液；真胃中有黄白色黏液和絮状物；脐带浆液性浸润，肥厚；胎衣有出血点，附着有纤维蛋白絮片和脓汁。

### （五）诊断

根据流行特点和发病症状可作出初步诊断，确诊可采取流产物作病原检查，也可采用血清凝集试验，判定为阳性者，即可确诊。

### （六）防治措施

**预防**

养羊场实行自繁自养，实行人工授精，培育无病幼羊和健康羊群。

应从非疫区引进羊只。新购入的羊隔离观察2个月以上，并进行检疫，确认无病时才能合群饲养，防止引入传染源。

对健康羊群要定期检疫，每年检疫1~2次。

对羊舍、用具进行定期消毒，用2%~3%来苏尔、10%石灰乳、0.3%络合碘、0.2%百毒杀喷雾消毒。

对病羊的排泄物、污染物、流产胎儿作无害化处理。

定期免疫接种疫苗，提高羊群免疫力。绵羊和山羊均可用布氏杆菌猪型2号弱毒活菌苗及布氏杆菌羊型5号弱毒活菌苗饮水、皮下注射和气雾免疫，这两种疫苗对绵羊和山羊的免疫期分别为1.5年和2年，剂量按菌苗说明书规定执行。

**治疗**

按有关规定对病羊淘汰处理，不予治疗。

## 十一、什么是破伤风？如何防治？

破伤风是由破伤风梭菌引起的急性、中毒性人畜共患传染病，以全身肌肉强直性收缩和对刺激反应性增强为特征。

（一）病原特征

破伤风梭菌为严格厌氧菌、革兰氏染色阳性。该菌能形成芽孢，芽孢的抵抗力很强，在土壤中能存活数十年，该菌通过产生强烈的痉挛毒素对动物致病。

（二）流行特点

各种家畜对破伤风梭菌均敏感，病原广泛存在于土壤和粪便中，羊多数经创伤感染。破伤风梭菌不进入血液，在缺氧的创腔内繁殖，产生的外毒素进入血液，侵害中枢神经而引起发病。破伤风病为散发，无明显的季节性。羊不分年龄、品种和性别均易感染。

（三）症状

（1）全身肌肉强直性收缩，四肢僵硬，开张，行走强拘，如木马状，开口困难，两耳竖立，尾向上举，头颈伸直，肚腹蜷缩，后退困难。

（2）病羊一般欲食正常，采食和咽下困难，常常发生持续性瘤胃鼓气。

（3）对外界刺激反应性增强，稍有刺激发生强烈反应，惊恐不安。

（4）体温一般正常，死前体温升高（可达42℃），喘气。病程超过两周者，治愈希望较大。以7~10d死亡最多。

（四）诊断

根据临床症状可以确诊。

（五）防治措施

预防

在常发病地区，每年定期进行破伤风类毒素免疫接种，成年羊每头1ml，皮下注射，羔羊减半，可免疫一年，第二年再注射一次，可免疫4年。

防止外伤。羔羊断脐或成羊伤口应及时用碘酊消毒或受伤后立即用破伤风抗毒素皮下或肌内注射，可使羊立即产生被动免疫。注射剂量为1万~2万IU。

治疗

1. 中和毒素

发病后用破伤风抗毒素皮下、肌肉或静脉注射，为该病的特异性疗法。首次30万~40万IU，总量60万~100万IU。

2. 处理创伤

及时扩创、清创，使创腔与外界畅通。扩创后，用1%高锰酸钾溶液或双氧水冲洗，或烧烙创腔。

3. 局部封闭

创腔周围分点注射，用青霉素 240 万～400 万 IU，0.5% 普鲁卡因溶液 100～150ml，一天两次，连用 5～7d。

4. 对症治疗

解痉镇静：用 25% 硫酸镁注射液加入糖盐水中静脉注射，或用氯丙嗪、安定肌内注射。

解除酸中毒：用 5% 碳酸氢钠注射液静脉注射，500～1 000ml。

对症治疗：便秘时用泻药缓泻，排尿障碍时用利尿药利尿。

5. 中药治疗

天麻散加减：天麻 30g、黑附子 20g、天南星 20g、乌蛇 30g、羌活 30g、防风 20g、荆芥 20g、川芎 30g、薄荷 30g，半夏 20g，煎汁分 3 次灌服。

甘草蝉蜕汤：甘草 250g、蝉蜕 60～90g、防风 30g、荆芥 30g、勾藤 75～90g、木通 30g、大黄 60g、黄芪 45g、川芎 30g，煎汁分 3 次灌服，每日 1 剂，连用 3d。

6. 加强护理

保持环境清洁，安静，避免光线和其他刺激，防止摔倒，后期适当驱赶运动。给予充足饮水和易消化饲料，让其自由采食，不能采食者给予人工营养。

## 十二、流行性眼炎如何防治？

流行性眼炎又称传染性角膜、结膜炎，传染迅速，发病率可达 100%。

### （一）病因

病原体为病毒或立克次氏体和细菌，有时三者混合感染。病原体主要存在于眼结膜及其分泌物中，通过直接接触传染，蚊、蝇类可成为主要传染媒介。气候炎热、多雨、高湿、拥挤、刮风、尘土等因素有利于该病的发生和传播。羔羊及青年羊多发。

### （二）症状

先侵害结膜，以后波及角膜，有时二者同时发病。病羊流泪，怕光，结膜红肿，分泌物逐渐变为黏脓性，角膜混浊，严重者角膜溃疡穿孔，甚至失明。病程一般在 20d 左右。

### （三）防治

4% 硼酸水冲洗病眼，每天 3 次。

5% 葡萄糖溶液点眼，每天 3 次。

红霉素、金霉素、油剂青霉素等眼药点眼，每天 3 次。

青霉素 20 万 IU，自家血 5ml，进行眼睑注射，每天 1 次。

隔离病羊，以防传染；病羊避免强光刺激，以加快恢复；清理和消毒羊舍。

## 十三、什么是小反刍兽疫，如何防治？

小反刍兽疫俗称羊瘟，又名小反刍兽假性牛瘟、肺肠炎、口炎肺肠炎复合症，是由小反刍兽疫病毒引起的一种急性病毒性传染病，主要感染小反刍动物，以发热、口炎、腹泻、肺炎为特征。是小反刍兽的一种以发热、眼、鼻分泌物、口炎、腹泻和肺炎为特征的急性病毒病，感染动物的临床症状类似于牛瘟，必须与其作鉴别诊断。PPR 病毒感染绵羊和山羊可引起临床症状，而感染牛则不产生临床症状，该病在密切接触的动物之间可通过空气传播，2014 年该病流行严重，对养羊业造成了很大损失，应该重视该病的预防控制。

### （一）分布危害

1942 年该病首次在象牙海岸发生，其后，非洲的塞内加尔、加纳、多哥、贝宁等有该病报道，尼日利亚的绵羊和山羊中也发生了该病，并造成了重大损失。亚洲的一些国家也报道了该病，根据国际兽疫局（OIE）1993 年《世界动物卫生》报道，孟加拉国的山羊有该病发生，印度德拉邦和马哈拉施特拉邦的部分地区绵羊中发生了类似牛瘟的疾病，最后确诊为小反刍兽疫，此后，泰米尔拉德邦也有受到感染报道。1993 年，以色列第一次报道有小反刍兽疫发生，传染来源不明，为防止该病传播，以色列对其北部地区的绵羊和山羊接种了牛瘟疫苗。1992 年，约旦的绵羊和山羊中发现了该病特异性抗体，1993 年，有 11 个农场出现临诊病例，100 多只绵羊和山羊死亡。1993 年，沙特阿拉伯首次发现 133 个病例。2007 年 7 月，小反刍兽疫首次传入我国。

### （二）病原

小反刍兽疫病毒属副黏病毒科麻疹病毒属，与牛瘟病毒有相似的物理化学及免疫学特性，病毒呈多形性，通常为粗糙的球形，病毒颗粒较牛瘟病毒大，核衣壳为螺旋中空杆状并有特征性的亚单位，有囊膜，病毒可在胎绵羊肾、胎羊及新生羊的睾丸细胞上增殖，并产生细胞病变，形成合胞体。

### （三）流行病学

该病主要感染山羊、绵羊、美国白尾鹿等小反刍动物，流行于非洲西部、中部和亚洲的部分地区。在疫区，该病为零星发生，当易感动物增加时，即可发生流行。该病主要通过直接接触传染，病畜的分泌物和排泄物是传染源，处于亚临床型的病羊尤为危险。人工感染猪，不出现临床症状，也不能引起疾病的传播，故猪在该病的流行病学中无意义。

## （四）临床症状

小反刍兽疫潜伏期为 4～5d，最长 21d，自然发病仅见于山羊和绵羊。山羊发病严重，绵羊也偶有严重病例发生。一些康复山羊的唇部形成口疮样病变，感染动物临床症状与牛瘟病牛相似。急性型体温可上升至 41℃，并持续 3～5d。感染动物烦躁不安，背毛无光，病畜精神沉郁，口鼻干燥，食欲减退。流黏液脓性鼻漏，呼出恶臭气体，口鼻腔分泌物逐步变成黏液脓性，如果病畜不死，这种症状可持续 14d。在发热的前 4d，口腔黏膜充血，颊黏膜进行性广泛性损害、导致多涎，进一步发展到口腔黏膜弥漫性溃疡和大量流涎。随后出现坏死性病灶，开始口腔黏膜出现小的粗糙的红色浅表坏死病灶，以后变成粉红色，感染部位包括下唇、下齿龈等处。严重病例可见坏死病灶波及齿垫、腭、颊部及其乳头、舌头等处。后期出现带血水样腹泻，严重脱水，消瘦，随之体温下降，出现咳嗽、呼吸异常。发病率高达 100%，在严重暴发时，死亡率为 100%，在中等暴发或轻度发生时，致死率不超过 50%。幼年动物发病严重发病率和死亡都很高，我国将其划定的一类疫病。在疾病后期，常出现血样腹泻。肺炎、咳嗽、胸部啰音以及腹式呼吸等，根据这些临床症状可以初步诊断，但在牛瘟流行区，还要通过实验室进行确诊。以防止误判，因为这是个新增病例，目前并没有什么真正的特效药，不过血清制品还是可以起到的一定作用，能够减少死亡率，譬如英国凯诺的羊速清就是一个血清制品。

## （五）病理机理

尸体剖检病变与牛瘟病牛相似，病变从口腔直到瘤—网胃口。患畜可见结膜炎、坏死性口炎等肉眼病变，严重病例可蔓延到硬腭及咽喉部。皱胃常出现病变，而瘤胃、网胃、瓣胃很少出现病变，病变部常出现有规则、有轮廓的糜烂，创面红色、出血。肠可见糜烂或出血，特征性出血或斑马条纹常见于大肠，特别在结肠直肠结合处。淋巴结肿大，脾有坏死性病变，在鼻甲、喉、气管等处有出血斑，还可见支气管肺炎的典型病变。

因该病毒对胃肠道淋巴细胞及上皮细胞具有特殊的亲和力，故能引起特征性病变。一般在感染细胞中出现嗜酸性胞浆包涵体及多核巨细胞。在淋巴组织中，小反刍兽疫病毒可引起淋巴细胞坏死。脾脏、扁桃体、淋巴结细胞被破坏，含嗜酸性胞浆包涵体的多核巨细胞出现，极少有核内包涵体。在消化系统，病毒引起马尔基氏层深部上皮细胞发生坏死，感染细胞产生核固缩和核破裂，在表皮生发层形成含有嗜酸性胞浆包涵体的多核巨细胞。

## （六）防治措施

对该病目前尚无有效的治疗方法，发病初使用抗生素和磺胺类药物可对症治疗和预防继发感染。在该病的洁净国家和地区发现病例，应严密封锁，扑杀患羊，隔离消毒。对该病的防控主要靠疫苗免疫。

1. 牛瘟弱毒疫苗

因为该病毒与牛瘟病毒的抗原具有相关性，可用牛瘟病毒弱毒疫苗来免疫绵羊和山羊进行小反刍兽疫病的预防。牛瘟弱毒疫苗免疫后产生的抗牛瘟病毒抗体能够抵抗小反刍兽疫病毒的攻击，具有良好的免疫保护效果。

2. 小反刍兽疫病毒弱毒疫苗

目前，小反刍兽疫病毒常见的弱毒疫苗为 Nigeria7511 弱毒疫苗和 Sungri/96 弱毒疫苗。该疫苗无任何副作用，能交叉保护其各个群毒株的攻击感染，但其热稳定性差。

3. 小反刍兽疫病毒灭活疫苗

本疫苗系采用感染山羊的病理组织制备，一般采用甲醛或氯仿灭活。实践证明甲醛灭活的疫苗效果不理想，而用氯仿灭活制备的疫苗效果较好。

4. 重组亚单位疫苗

麻疹病毒属的表面糖蛋白具有良好的免疫原性，无论是使用 H 蛋白或 N 蛋白都作为亚单位疫苗，均能刺激机体产生体液和细胞介导的免疫应答，产生的抗体能中和小反刍兽疫病毒和牛瘟病毒。

5. 嵌合体疫苗

嵌合体疫苗是用小反刍兽疫病毒的糖蛋白基因替代牛瘟病毒表面相应的糖蛋白基因。这种疫苗对小反刍兽疫病毒具有良好的免疫原性，但在免疫动物血清中不产生牛瘟病毒糖蛋白抗体。

6. 活载体疫苗

将小反刍兽疫病毒的 F 基因插入羊痘病毒的 TK 基因编码区，构建了重组羊痘病毒疫苗，重组疫苗既可抵抗小反刍兽疫病毒强毒的攻击，又能预防羊痘病毒的感染。

## （七）预防

世界动物卫生组织（OIE）将其列为法定报告动物疫病，我国将其列为一类动物疫病，为及时、有效地预防、控制和扑灭小反刍兽疫，依据《中华人民共和国动物防疫法》《重大动物疫情应急条例》《国家突发重大动物疫情应急预案》和《国家小反刍兽疫应急预案》及有关规定，应规范小反刍兽疫的诊断报告、疫情监测、预防控制和应急处置等技术要求，发现后立即向当地动物疫病预防控制机构报告上报。对发病场（户）实施隔离、监控，禁止家畜、畜产品、饲料

及有关物品移动，并对其内、外环境进行严格消毒。必要时，采取封锁、扑杀等措施。

## 第二节　常见普通病

### 一、如何防治感冒？

感冒是由于气候变化、寒冷袭击而引起的急性、热性疾病，以鼻流清涕、咳嗽和发热为特征。

**（一）病因**

气候突变，缺乏防寒措施，受寒冷袭击。外出时突然受雨淋风吹，或圈在风口处，使羊受寒冷侵袭。温棚养殖羊，棚内外温差太大，管理疏忽很容易感冒。

**（二）症状**

体温升高，精神沉郁，食欲减退，流泪晨光，结膜潮红，鼻流清涕，以后变浓稠，鼻黏膜充血肿胀，咳嗽，打喷嚏。畏寒怕冷，全身战栗，背毛逆立，磨牙，喜卧，行走强拘。食欲、反刍减少或停滞，瘤胃蠕动减弱或消失。

**（三）诊断**

根据临床症状和病史可做出诊断。

**（四）防治措施**

预防：加强饲养管理，增强机体抵抗力，冬季加强防寒措施，堵塞风洞，防止贼风侵袭；圈舍建于避风朝阳处，防止雨淋。

防治：治疗原则为解热镇痛，祛风散寒，预防感染。

1. 肌内注射30%安乃近

柴胡注射液或清热解毒注射液10～20ml，严重时注射青霉素240万～320万IU，链霉素100万～200万IU。

2. 中药柴小胡汤加减

柴胡30g、半夏25g、黄芩30g、甘草30g、生姜30g、荆芥30g、防风30g、杏仁30g、薄荷40g，为末开水冲调分2次灌服。

### 二、怎样防治羔羊肺炎？

**（一）病因**

该病为革兰氏阳性双球菌。多见于体质瘦弱的羔羊（母羊奶量不足），抵抗力弱，尤其在天气剧烈变化的情况下，很容易引起感冒，继发肺炎。另一方面当圈舍潮湿、拥挤、暖棚内温度过高，运动不足及营养缺乏时，也能引起该病。

### （二）症状

病羔食欲减退，咳嗽、呼吸困难，精神委顿，鼻孔流出稀薄而带有黏性的鼻涕。体温升高到 40～42℃，心跳加快，低头闭眼，磨牙，伸颈拱背，急剧消瘦，听诊肺部时有湿性罗音，叩诊有浊音。急性 1～2d 死亡，慢性可延长到半个月左右。

### （三）预防

抓好妊娠后期和哺乳前期母羊的饲养，供给优质饲草料，并补骨粉和食盐，保证产前胎儿发育正常，产后母羊奶量充足，增强羔羊抗病力。

羔羊棚舍要宽敞，干燥、通风良好，每天定时运动，以提高代谢机能，增强抵抗力。

遇天气剧烈变化时，将羔羊赶入棚舍饲喂，防止羔羊感冒。

### （四）治疗

肌内注射青、链霉素，每日 2 次。也可用磺胺嘧啶肌内注射，2～3 次/d。同时配合清热解毒药。

## 三、什么是前胃膨胀，如何治疗？

前胃膨胀又叫瘤胃积食，是瘤胃内充满过多的饲料，引起瘤胃胃壁扩张、瘤胃运动障碍，消化机能紊乱的一种疾病，是羊的常见疾病之一。

### （一）病因

急性前胃膨胀是瘤胃积滞过量食物，致使体积增大，胃壁扩张，内容物停滞而引起瘤胃运动紊乱为特征的疾病。通常在贪食过多易膨胀的干料（豆类、玉米、麦子）或难以消化和粗硬饲草，缺乏运动，饮水不足，突然变换饲料等，均可发生该病。

### （二）病状

瘤胃积食的特征一般都是瘤胃充满而坚实，病初食欲、反刍、嗳气减少，严重时食欲废绝，左胁膨胀明显，用拳按压呈一凹陷，并有痛感，叩诊呈浊音。大多数羊的病状表现神情不安，拱背站立，不愿走动，起卧呻吟，呼吸困难，结膜发绀，脉搏快而弱，但体温正常。病后期，病羊疲乏无力，四肢颤抖，步态不稳，站立困难，卧地不起，心脏衰竭而死亡。

### （三）治疗

停食 1～2d，限制饮水，进行运动，按摩瘤胃部，以刺激其收缩。同时口服

酵母粉 30 ~ 50g，连用 3d 即可。

促进反刍可用酒石酸锑钾 0.5 ~ 0.8g，溶于大量水中灌服，1 次/d（当全身衰弱或患有胃肠炎时此药不宜应用）。石蜡油 100 ~ 120ml，2 次/d。

龙胆酊 10ml，橙皮酊 10ml，木别酊 7ml，水加至 200ml，一次灌服，2 次/d。

**（四）预防**

加强饲养管理，防止过食，避免突然更换饲料，粗饲料加工调制要合理，饮水要充足，不喂腐烂、发霉、变质的饲料及水果和剩菜剩饭，及时治疗原发性疾病。

## 四、如何治疗瘤胃鼓气?

**（一）病因**

该病是在瘤胃内积聚大量气体，使胃壁过度紧张的疾病。采食大量易发酵饲料，如开花前的嫩绿苜蓿，雨露嫩青草，冰冻饲草料，湿秸秆饲草、霜草及霉败变质饲料等而引起。哺乳羔羊过量哺乳时也能诱发该病。此外常见食道阻塞，前胃弛缓，瓣胃秘结，肠扭转等也能继发该病。

**（二）症状**

病羊表现痛苦不安，左侧腹部很快增大，回顾腹部，拱背伸腰，肷窝突起，高出脊背、反刍、嗳气停止。拳压瘤胃有弹性，腹壁紧张叩诊呈鼓音。听诊瘤胃蠕动音弱，严重时停止，脉搏快而弱，站立不稳，步态蹒跚，最后倒卧地上，不及时治疗，病程在 1h 左右死亡。

**（三）预防**

此病多与放牧及饲养不当有关，预防鼓气，要做到以下几点：

在嫩苜蓿地放牧，第一次不超过 10min，以后逐渐增加，适应后才能放牧。

舍饲羊饲喂青嫩的豆科草时，应与干草共同铡短混合后饲喂，不可单纯喂羊。

不要给羊喂霉败变质的饲料，也不要喂给大量容易发酵的饲料。

**（四）治疗**

根据气胀的程度，采用不同的方法治疗。

轻度气胀，用酒醋各 50ml 加温水适量灌服，也可用石蜡油 100ml，鱼石脂 2g，酒 10ml，加适量温水灌服。

从口腔插入胃导管放气。然后用福尔马林 2 ~ 5ml，加水 500ml，由胃导管灌入。

若病势非常严重，应迅速施行瘤胃穿刺术。

## 五、如何防治前胃弛缓？

前胃迟缓是指羊的前胃兴奋性降低，收缩力和前胃机能减弱的一种疾病。临床特征是食欲降低、反刍、嗳气减弱、前胃蠕动微弱，消化机能减弱。

### （一）病因

长期饲喂品质低劣、难以消化的草料等粗饲料；精饲料和糟粕类饲料，如酒糟、豆腐渣等喂量过大；块根多汁饲料，如马铃薯、水果、胡萝卜喂量过多；突然更换饲料和饲养制度，长途运输、饮水不足；饲草粉碎得太细；天气突然变化，受寒感冒或应激反应；由其他疾病引起如瘤胃膨胀。

### （二）症状

食欲减退或停止，食欲时好时坏，反刍缓慢无力、次数减少甚至停止。瘤胃蠕动减弱，次数减少，轻度膨胀，精神沉郁，体温、脉搏、呼吸一般无明显变化。

### （三）治疗

禁食1~2顿，以后给予易消化、富有营养的优质饲草，少给或不给精饲料。为增强前胃运动机能，可用新斯的明2~4mg皮下注射，静脉注射10%氯化钠溶液或促反刍液100~300ml。内服健胃散、牛羊前胃动力、酵母粉等中草药制剂。

### （四）预防

主要是改善饲养管理，给予足够的维生素、矿物质饲料，适当运动，饲草饲料加工要合理、不要太细，更换饲料不要太突然，长途运输以后要先饮水后饲喂。

## 六、什么是食管梗塞，如何防治？

食管梗塞是食管的一段被食团或异物阻塞而引起的疾病，以口鼻流出大量泡沫性液体为特征。

### （一）病因

羊在饥饿时抢食块根饲料，如红薯、萝卜、甜菜根引起，在食管麻痹或食管痉挛的情况下，饲料吞咽后，积存于食管引起。

### （二）症状

羊在采食过程中突然发病，表现不安，频频做吞咽动作，从口、鼻流出大量泡沫性黏液。严重时呼吸困难，咳嗽，张口伸舌。阻塞于食管颈部段时，可从外部看到或摸到阻塞物，阻塞于胸部段时，可用胃管探诊，触及阻塞物，有时可在

颈部食管触摸到异物，食道有波动感，完全阻塞时常继发瘤胃鼓气，呼吸困难。

### （三）诊断

根据发病史、临床症状和胃管探诊可做出诊断。

### （四）防治措施

预防：给羊喂块根类饲料时，要切碎后再喂。不能喂整块的块根饲料。如果羊患食管麻痹、食管狭窄和食管痉挛病，最好给羊喂流食。

治疗：如果阻塞物在颈部段食管或靠近口腔，可先给病羊灌普鲁卡因1.5g、石蜡油50～100mL，待食道松弛时然后用手慢慢将阻塞物挤到口腔。如果阻塞物在胸部段食管，在灌普鲁卡因和石蜡油后，用胃管将阻塞物推入胃中。用阿托品5～10mL肌内注射，解除食管肌痉挛后用胃管推送。如果阻塞物为谷物颗料或粉碎饲料，可用冲洗法将胃管导入阻塞部位，外端接邦浦灌肠器，向食管内灌水，使饲料随水冲出。对推送困难的，可用外科手术，切开食管将阻塞物取出。由于压迫时间过长，阻塞部位已经发炎时，可肌内注射抗生素药治疗。

## 七、胃肠炎如何治疗？

### （一）病因

原发性胃肠炎的病因与消化不良基本相同，但发作强烈。主要是饲养管理不当造成的。如羊采食冰冻、发霉的饲料，有毒植物中毒，饲料突然变换、圈舍湿冷，气候骤变等均可引起的胃肠炎。继发性胃肠炎常见各种病毒性传染病、寄生虫病等。

### （二）症状

持续性拉稀是主要特征。其表现病羊精神沉郁，食欲减退或废绝，常伴有腹痛，体温升高，呼吸增加。舌面覆盖有黄白苔、肠蠕动呈流水音，不断排稀粪或水样粪便，粪便恶臭或腥臭，粪中混有血液，脓液及坏死的组织片，呈灰褐色。后期因久泻而肠音减弱或停止，肛门松弛，排粪失禁。严重脱水时，全身无力，耳尖四肢发凉，体温降至常温以下，皮肤失去弹性，心音混浊，节律不齐、磨牙，最后因衰竭而死。

### （三）治疗

鞣酸3g、次硝酸铋3g，木炭末8g，混合均匀，加水灌服，此为大羊的一次用量，2次/d。

鞣酸1.5g，柳酸1g，磺胺咪1g，混合研成粉剂，分成3包，哺乳羔羊1d服完。

消炎可用黄连素、磺胺类和沙星类药物进行治疗，当脱水严重时配合补液。

## 八、如何治疗有机磷中毒？

### （一）病因

有机磷中毒是由于接触、吸入或采食某种有机磷制剂所致。有机磷是高效杀虫剂之一，一旦误食喷洒过有机磷制剂的青草及农作物，或拌了有机磷制剂的种籽和被沾染过的饲料和饮水均可引起中毒。有时用有机磷制剂治疗羊体内、外寄生虫时，用药不当而致中毒。

### （二）症状

羊中毒后数分钟到数小时内出现症状。中毒较轻的表现食欲减退或废绝，但饮欲尚有，反刍停止，流涎，咬牙、多汗，尿失禁，瞳孔缩小，结膜充血或发绀。呼吸困难，心跳加快，但体温不高等。严重时病羊表现兴奋不安，肌肉震颤、痉挛，体温升高，排粪及排尿失禁，昏迷卧地不起，搐搦，最后多由于心肺麻痹而很快死亡。

### （三）预防

加强对农药管理和使用。在有机磷制剂驱除寄生虫时必须严格掌握用量及方法。对喷洒有机磷农药被污染的饲草不宜放牧或割了喂羊。

### （四）治疗

食入中毒时，尽快灌服盐类泻剂，排除体内毒物，不能用植物油类泻剂。同时用特效解毒剂阿托品 10～30mg 肌内注射。症状不减轻时，可重复应用阿托品，并给强心补液。

## 九、什么是瘤胃酸中毒？如何防治？

瘤胃酸中毒主要是因为过食富含碳水化合物的谷物饲料，特别是粉碎过细的谷物饲料，或偷食大量粮食等精料，在瘤胃内高度发酵，很快产生大量乳酸堆积并吸收入血后引起的急性代谢性酸中毒。临床上以急性前胃迟缓、脱水、瘤胃 pH 值明显降低，粪、尿呈酸性为特征。各种年龄阶段都有发生，多见于育肥羊。病羊主要表现为消化障碍，瘤胃胀满，精神沉郁，运动失调，卧地不起，神志昏迷，酸血症，陷于脱水状态而死亡。该病在目前设施养羊中发病较多，应引起重视。

### （一）病因

临床常见病例的主要病因有饲喂过多的玉米珍子、马铃薯、大麦、甜菜、豆腐渣、剩饭、水果、青储饲料、马铃薯粉水、粉渣；或长期缺乏优质青干草而只

喂青储饲料；或产后给予大量的米汤、面糊；或脱圈后偷食大量玉米、小麦、面粉、谷子、豌豆等。特别是突然饲喂大量精料或脱圈偷食大量精料时最易发生，经过加工的更易引起发病。因其早期主要呈现瘤胃积食的症状而往往被忽视或耽误治疗，死亡率较高，可造成重大经济损失。

## （二）症状

与过食精料饲料的种类、性质、采食量有关。症状多种多样、临床上绝大多数病例都呈现急性瘤胃酸中毒综合症，并具有一定的中枢神经兴奋症状，表现为急性消化障碍，瘤胃积食，全身代谢紊乱，酸血症，神经调节功能异常，脱水，昏迷，休克，病情急剧而危险。据实验报道肉羊过食谷物致死量为 25～62g/kg 体重，粉碎的比不粉碎的发病快。根据食入量及种类和个体耐受力不同，可将其分为三种类型。

### 1. 最急性型

常在采食后无明显病症，于 3～5h 内突然死亡。

### 2. 急性重剧型

当空腹一次采食大量精料、特别是粉状精料时，采食后几小时到半天内即可发病，其中大部分病例为脱圈偷食。除部分病羊兴奋外，一般都有精神沉郁，腹胀，腹痛，磨牙，鼻镜干燥，眼球下陷，结膜充血，口膜暗红，不愿走动，四肢无力，步态不稳，走路摇晃，弓背伸腰，后肢踢腹，跛行，蹬腿踏脚，不断起卧，回头顾腹，不时磨牙，呕吐，空嚼，食道逆蠕动，排粪内有未消化的饲料。触压瘤胃可感到瘤胃内容物多但不坚硬，弹性降低，以后则变软呈液状，瘤胃内充满糊状物及气体，有漉漉音或金属音，蠕动极弱或停止，嗳气酸臭难闻。抽取瘤胃内容物 pH 值在 5.0 以下，血液浓稠，色暗，血乳酸升高，血 $NH_3$ 含量增加，血钙偏低，部分病羊有溶血现象。尿液呈酸性，pH 值在 5.0 以下，尿比重增加，尿素、非蛋白氮增高。心率 100～120 次/分钟以上，呼吸 60～80 次/分钟以上，呼吸极度困难，张口呻吟。目光呆滞，眼反射减弱或消失，体温偏低，呈现循环虚脱症状。最后横卧于地，将头搭于一侧肩部，若不及时抢救，病羊常于叫声中呕吐而很快死亡，死亡率较高。食入过多豆类的除上述症状外，瘤胃膨胀、却很少下痢，血 $NH_3$ 含量增加。由于 $NH_3$ 大量吸收引起高血 $NH_3$ 症，可引起中枢神经系统，特别是大脑功能障碍，出现迟钝、惊厥、昏睡、痉挛、眼球震颤，运动姿势异常。病羊视觉障碍，不顾任何障碍，向前狂奔，不时作直奔或转圈运动，瞳孔对光反射不敏感等严重的神经症状，很容易造成误诊而延误治疗。随着病情发展、后肢麻痹、瘫痪、卧地不起，头贴地昏睡，兴奋与抑郁交替出现，反复发作，最终陷入昏迷状态而死亡。剖检可见瘤胃内容物多而呈稀糊状，有酸臭味，胃肠黏膜充血、坏死，有不同程度的水肿，黏膜脱落，甚至用手可以抹下，尤其以瘤胃为甚。病程短，多为 1～2d，如能及时治疗，可望治愈，否则死亡率高。因采食多量晒干的马铃薯块茎的，泡沫性瘤胃鼓气和瘤胃酸中毒同时发生，很难救治，多以死亡告终。

3. 较轻型

采食多量精料或整粒籽实的，一般在采食后 1～2d 呈现上述症状，但比较缓和。首先表现食滞性前胃迟缓的症状，以后脱水、腹泻明显，排黑色黏稠的恶臭粪便，粪内有未消化的饲料，混有黏液或血液，尿少或无尿，尿液呈酸性，有时 pH 值在 5.0 以下，比重增加，尿中有蛋白、酮体。呼气带酸臭味，有的发生肺水肿，妊娠母羊阴门分泌胶冻样黏液，有流产症状。病羊卧地呻吟，头颈歪向一侧，不时磨牙。前后肢肌肉震颤，闭目不睁，后期呈昏睡状，四肢冰凉、瘤胃蠕动停止，严重时发生瘤胃麻痹，随着病情发展，后肢麻痹，瘫痪，卧地不起，头贴地昏睡。兴奋与抑郁交替出现，反复发作，最终陷入昏迷状态，多在发病后1～2d 死亡。病程多为 3～4d，如能及时治疗，多数可望治愈，否则死亡率高。

（三）诊断

症状多种多样、临床上绝大多数病例都呈现急性瘤胃酸中毒综合症，主要根据过食精料的病史、临床症状和实验室检验诊断。临床实践中可根据过食精料史，脱水，瘤胃液 pH 值降低至 5.0 以下、瘤胃液中纤毛虫死亡，血液 pH 值 7.0 以下，以及粪、尿呈酸性等可作出诊断。早期主要呈现瘤胃积食的症状而往往被忽视或耽误治疗，所以还需与前胃迟缓和瘤胃积食、酮病、真胃变位等病鉴别诊断、过食豆类的还必须与脑炎鉴别诊断、过食晒干马铃薯的还必须与泡沫性瘤胃膨气鉴别诊断。

（四）治疗

该病的治疗原则第一先是抑制乳酸的产生和酸中毒；第二应排出有毒物质，制止乳酸继续产生，解除酸中毒和脱水；第三是强心输液，调节电解质，维持循环血量；第四是促进前胃运动，增强胃肠机能；第五用抗组胺制剂消除过敏性反应，镇静安神，实践证明治疗该病的关键环节是泻下和保护胃肠黏膜。

对采食大量整粒精料或粉料、且采食后不久，瘤胃内精料还来不及或仅部分发酵产生乳酸的要尽早使用大剂量油类泻药将其泻下。以 100kg 羊为例一次可灌服液体石蜡 500～1 500ml，切记量要足，否则达不到泻下和保护胃肠黏膜目的会

延误治疗。实践证明这是缩短疗程、防止反复发作、降低死亡率最有效最经济的办法，因为早期使用大剂量油类泻药既可避免因使用盐类泻药使整粒精料吸水发胀，产生腹胀和增加泻下难度，又能提前防止瘤胃产生大量乳酸，保护胃肠黏膜免受损伤，更能防止吸收以后引起全身中毒给治疗带来的被动和难度。

对食入大量粉料不久或采食精料时间较长，已经在瘤胃发酵产生大量乳酸的病羊，首先要用 10% 石灰水（生石灰 1kg、加水 10kg 充分搅拌溶解、取上清液）2 000 ~ 4 000ml 反复洗胃后再灌入液体石蜡 500 ~ 1 500ml，以利排出大量乳酸和保护胃肠黏膜，并且胃管要多放置一会儿，以利瘤胃内气体充分排出。值得注意的是对采食大量精料的羊，应尽早采取泻下或手术办法治疗。

用 5% 碳酸氢钠 100 ~ 150ml、5% 葡萄糖生理盐水 1 000 ~ 2 000ml、20% 安钠咖 10 ~ 20ml、一次静脉注射。首次补液量不少于 1 500 ml，碳酸氢钠不少于100ml，3 ~ 4h 重复一次。注意要先输盐和强心剂，后输糖，并且要少输葡萄糖，控制输液速度，否则机体因为酸中毒和缺氧时，葡萄糖代谢不完全或进行无氧酵解、其中间代谢产物蓄积加剧酸中毒，这是临床治疗时很多病例在大剂量输葡萄糖时突然死亡的主要原因。为促进糖代谢可用 $VB_1$，病羊不安时可适当给予钙制剂如 10% 葡萄糖酸钙或溴化钙 30ml，但要与碳酸氢钠分开用。

酸中毒解除后恢复瘤胃机能最有效的办法是灌服健康羊瘤胃液 100 ~ 500ml（取屠宰后不久健康羊瘤胃液或瘤胃内容物用温水洗后筛子过滤胃管投服），可反复使用。

对瘤胃内积食过于坚硬、无法泻下的患羊应尽早切开瘤胃，手术治疗。

### 十、什么是马铃薯中毒？如何防治？

马铃薯中毒病，原指由于采食含有有毒成分的马铃薯茎叶和腐烂生芽的马铃薯块茎，引起家畜出现以神经症状和胃肠炎为特征的中毒。常见于猪，马、牛、羊等也可发生。近年来，马铃薯种植作为固原市四大支柱产业之一，种植面积不断扩大，其用途和储存方法也发生了根本性变化。许多个体加工户由于加工规模不断扩大，为了抢购原料，大量收购来的马铃薯不采用窑窖储存，而是露天堆放，任凭风吹日晒，引起发芽、霉烂，变绿变紫，使马铃薯素含量明显增加。再加上当地严重缺水，多数粉坊粉水（2/3 是马铃薯粉碎过筛后的组织水）反复重复利用，使马铃薯素含量成倍增加。而当地养殖业又以养羊为主，马铃薯收获后的嫩绿茎叶、幼小及发霉腐烂的马铃薯块茎及加工淀粉后的马铃薯粉渣，便成了喂羊的主要饲料，并且以粉坊排放的马铃薯粉水作为羊的饮水，造成了羊马铃薯中毒病的普遍发生。使该病的概念和含义明显扩大了，成为典型的地方流行，且有明显的季节性。

## （一）中毒分类

马铃薯的嫩绿茎叶、外皮、浆果、芽内含有一种有毒的物质马铃薯素，它是一种配糖体生物碱（又名龙葵素，$C_{45}H_{73}O_{15}N$）。据测定，马铃薯各部分含量极不一致，绿叶中含 0.25%，芽内 0.5%，花内 0.7%，浆果内 1%，见光变绿变紫的胚芽含量最高可达 4.76%，块茎储存越久，马铃薯素明显增加。特别是保存不当，露天堆放引起发芽、变绿变紫、变质霉烂时含量更为增高。由于当地严重缺水，多数粉坊粉水反复重复利用，马铃薯素含量成倍增加。其次，马铃薯茎叶里还含有有毒的亚硝酸盐，也能引起中毒。固原市多数粉坊由于受条件限制，马铃薯露天堆放，风吹日晒，其马铃薯素远远高于上述含量。粉渣随处堆放，粉水到处流淌，腐败发酵。当用上述马铃薯或粉渣喂羊，粉水饮羊后，造成了极为复杂的中毒现象，依食入毒物情况可分为 3 种。

### 1. 马铃薯素中毒

以采食马铃薯嫩绿茎叶、浆果、发芽变绿变紫的马铃薯块茎或其加工后的粉渣，饮用发芽变绿变紫马铃薯加工后的新鲜粉水而引起的中毒，以马铃薯素中毒为主。

### 2. 酸中毒

以采食含马铃薯素少的大量马铃薯或其加工后的粉渣，饮入其加工后的大量粉水，或饮入在外界腐败发酵的马铃薯粉水而引起中毒的，以瘤胃酸中毒和脱水为主。

### 3. 综合中毒

食入既含有大量马铃薯素，又含有大量淀粉的马铃薯或粉渣，饮入含有马铃薯素的新鲜粉水或酸败粉水而引起的中毒，是既有酸中毒又有马铃薯素中毒的综合中毒，临床最为多见，往往呈急性经过，重剧的可在 0.5h 内死亡。

## （二）症状

根据食入毒物情况，临床症状大体可分为 2 种。

### 1. 轻度中毒

以消化道病变为主，表现食欲减退，流涎、瘤胃蠕动减弱或停止，腹胀、腹痛、后肢踢腹、轻度下痢或水泻，粪便酸臭，肛门周围出现湿疹，精神沉郁、体温略高、抽取瘤胃液 pH 值下降。

### 2. 重剧中毒

以神经症状为主，反刍、嗳气停止，瘤胃蠕动停止、瘤胃内有积液，抽取瘤

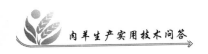

胃液 pH 值在 6.0 以下，排黑色粘的恶臭粪便，内有脓血，呼吸困难、每分钟 40 次以上。心跳微弱、每分钟 100 次以上。体温下降，耳尖、四肢末端、皮肤发凉、瞳孔散大。初兴奋不安、不顾任何彰碍向前冲撞，短期经过后很快精神陷于沉郁。走路摇摆，步态不稳，后肢逐渐麻痹、呈划泳状，甚至四肢麻痹，最后昏迷抽搐，因呼吸中枢麻痹和酸中毒而死亡。

### （三）中毒机理及诊断

马铃薯素能刺激胃肠黏膜致发重剧的出血性胃肠炎，吸收后能侵害延脑和脊髓，引起感觉和运动神经的麻痹，进入血液后能引起红细胞溶解而发生溶血现象。另外，马铃薯及其加工后的粉渣、粉水中仍含有大量淀粉，进入瘤胃后在微生物作用下，迅速发酵，产生大量有机酸，破坏瘤胃内环境而引起瘤胃酸中毒。或者直接饮在外界腐败酸臭后含有大量有机酸的粉水而引起瘤胃酸中毒，吸收后又引起全身性酸中毒。特别是在外界酸败后的粉水、含有大量病原微生物，其成分相当复杂，所引起的中毒也很复杂。其次马铃薯茎叶里还含有有毒的亚硝酸盐，偶尔也能引起中毒。所以，临床上对中毒病羊除根据临床症状作出初步诊断外，应及时用胃管抽取瘤胃内容物，测定 pH 值，并且采集畜主用来喂羊所剩的马铃薯、粉渣、粉水压榨取汁，用蒸馏水洗 2~3 次后，在离心机分离，取上清液加氨水在水浴上蒸发至干，残渣用热乙醇 20ml 提取 2 次并过滤，将滤液蒸发至 5ml 再加入氨水，使马铃薯素沉淀而测定马铃薯素含量。

### （四）治疗

对该病的治疗，在目前尚无马铃薯素特效解毒药的情况下，应排毒、解毒、兴奋中枢并举，具体措施有：

首先用 1% 石灰水 1 000~40 000ml 洗胃，既能快速中和胃内大量有机酸、又能使有毒物沉淀不被吸收而排出，防止进一步吸收加剧病情，增加治疗难度，而且经济实惠。

再用盐类泻药硫酸钠或硫酸镁 100~200g 配成 8% 用胃管投服。既能将毒物排出、又能阻止吸收，防止全身性中毒。

静脉注射 5% 碳酸氢钠 50~150ml，能迅速纠正酸中毒，改善全身机能。随后注射一定量的葡萄糖和中枢兴奋剂如安钠咖、樟脑磺酸钠，以帮助解毒和兴奋已麻痹的心跳和呼吸中枢。

对危重病羊先静脉放血 100ml，排出一部分毒素，然后大量快速输液，加速从尿中排出。输液可选用 5% 葡萄糖、生理盐水，并加入强心剂。注意要先输盐后输糖，否则由于机体处于酸中毒再加上呼吸抑制，体内缺氧，使葡萄糖不能完全代谢、其中间产物在体内蓄积加重病情而在输液途中死亡。

（五）预防

不喂发芽变绿变紫的马铃薯及其加工后的粉渣、粉水，不喂嫩绿的马铃薯茎叶。

## 十一、什么是佝偻病？如何防治？

佝偻病是幼畜由于钙、磷摄入量不足或钙、磷代谢障碍而引起的骨组织发育不良的一种营养代谢性疾病。临床上以消化机能紊乱、异嗜、惊恐不安、跛行和骨骼变形为特征。该病常见于羔羊。

（一）病因

维生素A、D缺乏，母乳中尤其是断乳后饲料中的维生素A、D含量不足，羔羊缺乏足够的阳光照射，致使机体内合成的维生素A、D不足，母羊长期采食缺乏维生素A、D的饲料，如暴晒、雨淋的饲草，是造成母乳中维生素A、D缺乏的重要原因。

饲料中钙、磷缺乏或比例不当，饲料中钙、磷的绝对含量不足或有效含量（指饲料中羔羊吸收的钙、磷含量）不足，或钙、磷比例超出1∶1~1∶2。

钙、磷吸收障碍或损失过多，慢性消化管疾病，长期腹泻和某些传染病可导致羔羊对钙、磷的吸收减少。某些出血性疾病则可导致钙、磷的损失增多。

（二）症状

早期表现为食欲减退，消化不良，精神不振，经常卧地不愿站立和运动，然后出现异食癖，睡觉时易惊醒，发育停滞，消瘦，出牙迟缓，齿形不规则且钙化不良，排列不整齐，易磨损和碎裂。站立时低头，拱背，前肢腕关节屈曲，呈"O"形腿。后期可死于褥疮、败血症或呼吸道、消化管感染。

（三）诊断

临床诊断 根据发病年龄、饲养管理条件、病程以及特征性的临床症状（生长发育迟缓、异食癖、运动障碍、牙齿和骨骼变化），可做出正确的临床诊断。

（四）防治措施

预防

加强饲养管理，饲喂全价饲料，保证充足的维生素D和钙、磷含量及正确的比例。增加户外活动，保证一天的日光照射。必要时可在消毒乳或补充饲料中添加维生素D和鱼肝油滴剂，也可在羔羊哺乳前滴喂鱼肝油滴剂5~10mL/d。保持畜舍干燥清洁，通风良好，光线充足，适当延长哺乳期，有条件的羊场冬季实行紫外线灯照射10~20min/d，对预防佝偻病发生具有重大意义。

**治疗**

以消除病因、改善饲养管理、结合药物治疗为原则。加强饲养管理，调整日粮组成，增加富含维生素 D 的饲料比例（夏季多喂青绿饲料，冬季多喂经日光照射的优质干草，必要时添加鱼肝油滴剂），调整钙、磷比例，适当加强钙、磷营养。保持畜舍干燥温暖，光线充足，通风良好，垫草干且厚，加强户外活动，冬季实行紫外线灯照射 15 ~ 30min/d。

药物治疗：维生素 A、D 疗法 应用鱼肝油羔羊 10 ~ 20mL/d、浓缩鱼肝油 0.4 ~ 0.6mL/100kg 体重和维生素 A、D 滴剂羔羊 5 ~ 10mL/d 等口服药，以及维生素 D₂ 和 D₃ 油剂、维丁胶性钙等注射剂。

钙剂疗法：常用的有碳酸钙羔羊 5 ~ 10g 和乳酸钙羔羊 0.5 ~ 1g 等口服药，或用 10% 氯化钙溶液 10 ~ 20mL、10% 葡萄糖酸钙 10 ~ 20mL 等静脉注射。

甲状旁腺素法：1% 甲状旁腺素 0.5 ~ 2.0mL，肌内注射，每天一次。

对症治疗：可根据伴发症状采取相应的治疗措施。

## 十二、什么是骨软症？如何防治？

骨软症又称骨质软化症，是成年羊由于钙、磷不足或钙、磷比例不当而引起的营养不良性慢性骨病。临床上以消化机能紊乱、异食癖、跛行、骨质疏松和骨骼变形为特征。该病主要发生于绵羊，以常年舍饲养殖羊多见。与佝偻病比较，其临床表现相似，但发病年龄不同。

**（一）病因**

1. 钙、磷供应不足

饲料和饮水中钙、磷的绝对含量不足或可被机体吸收的钙、磷含量低于机体的需要量。

2. 钙、磷比例不当

主要是缺磷，饲料配方不当，或长期使用单一饲料原料，造成饲料中钙、磷比例超出正常比例（Ca：P 为 1.5 ~ 2：1），从而影响了机体对钙、磷的吸收。

3. 钙、磷吸收障碍

饲料中的维生素 D 含量不足，如长期饲喂未经日晒的干草，机体缺乏日光照射和运动，导致体内不能产生足够的具有生物活性的维生素 D；消化机能障碍如慢性胃肠炎、慢性肝炎、消化管寄生虫疾病等造成钙、磷吸收减少；饲料中脂肪含量过多，在消化管内转化为脂肪酸，与钙结合成不溶性的钙皂，不能被机体吸收；肾功能不全或减弱可导致肾小管对钙的重吸收障碍，如慢性肾炎。

4. 钙、磷损失过多

如长期饲喂蛋白日粮，在代谢过程中产生大量的硫酸和磷酸，与血钙结合而排出体外，慢性出血性疾病也可导致体内钙、磷的丢失。

5．其他因素

如妊娠、泌乳、修复骨损伤等可引起机体对钙、磷的需要量增加，使正常供应的钙、磷含量相对不足。甲状旁腺机能亢进也可加速骨的脱钙，从而诱发该病的发生。

### （二）症状

初期出现慢性消化不良和跛行，异嗜（舔食墙砖、泥土及粪尿），精神不振，粪便时干时稀。随着病情的发展，病羊表现为营养不良，贫血、多卧少立或起立困难，步态强拘，行走谨慎，跛行逐渐明显。病情进一步发展，骨和关节变形，骨质疏松而容易发生骨折，头骨变形，下颌支肥厚，颜面隆突，齿松动而咀嚼困难。四肢关节肿大变形，肋骨扁平，拱背或凹背，严重者第一至第三尾椎被吸收而消失，尾摆动幅度变小。两前肢肘头外展呈"O"形腿，后肢站立时内收呈"X"形腿，妊娠母羊随妊娠期的增长而症状逐渐加重。

### （三）诊断

1．临床诊断

根据发病年龄、饲养管理条件（日粮组成及光照条件）、特征性的临床症状（慢性消化不良、运动障碍、骨和关节变形）不难做出正确诊断。必要时可用额骨穿刺法进行诊断（用普通穿刺针穿刺额骨，一般腕力下即可刺入额骨并能固定穿刺针）。

2．鉴别诊断

该病应注意与佝偻病（发病年龄不同）、风湿病（运动后症状减轻，痛点不定，骨不变形）、外伤或感染性肢蹄病（有明显的外伤和病灶）、氟中毒（牙齿变黄、黑、易崩裂）等病相区别。

### （四）防治措施

**预防**

采用合理的饲料配方，保证饲料中钙、磷含量和比例适当，多喂含钙、磷和维生素 D 的青粗饲料和青干草，高粱叶、青刈豆苗等。合理添加贝壳粉、石粉、磷酸二氢钙等矿物质（可加入食盐，做成盐砖供舔食）。改善羊舍光照条件，保证充足的光照和户外活动。冬季可用紫外线灯照射 15～20min/d。及时治疗慢性消化管病，必要时用维生素 $D_2$ 或 $D_3$11 000IU/kg 体重，肌肉或皮下注射。

**治疗**

用 20% 磷酸二氢钠溶液或 3% 次磷酸钙溶液 50～100mL，一次静脉注射，1

次/d，连用 3 ~ 5d。维生素 $D_2$ 或 $D_3$ 油剂肌肉或皮下注射，1 次/周，连用 2 ~ 3 次。加强饲料管理，合理配制日粮，多喂富含矿物质和维生素的优质青绿饲料和干青草，必要时每只每日加喂 50g 磷酸二氢钙。

### 十三、如何防治子宫内膜炎？

子宫内膜炎是指子宫黏膜的炎症，临床上按病程有急性和慢性之分，是母羊最常见最多发的生殖器官疾病，发病率高，治疗周期长，治愈率低，病残率高，是造成母羊不育症的主要原因之一，严重影响母羊的繁殖性能。

**（一）病因**

临床常见病例的主要病因有，在人工授精、阴道检查、分娩及难产助产时不按操作规程严格消毒；农民自己助产或剥离胎衣时根本不消毒；本交时有病种公羊传染；子宫脱出及产道损伤之后细菌如双球菌、葡萄球菌、链球菌、大肠杆菌等侵入而导致的外源性感染。阴道内存在的某些条件性病原菌在母羊患有产道损伤、阴道炎、子宫弛缓、布氏杆菌病等机体抵抗力降低时亦可发生该病。胎儿死于子宫未及时排出而腐败；子宫脱出以后严重污染、清洗消毒不严格不彻底而整复以后又用药不及时；胎衣不下、其他子宫疾病等治疗时用药不当如浓度过高或用强刺激性药物时也能引起。

**（二）症状**

一般发生于产后或流产以后，病羊表现弓腰，努责，频频做排尿姿势，从阴道中排出带有臭味的灰白色或褐色混有脓汁的浑浊分泌物或脓性分泌物，严重时流出含有腐败分解组织碎块或腐败胎衣、腐烂分解胎儿的恶臭液体，病羊卧下或发情时排出较多。子宫冲洗物静置后有沉淀物，阴道检查时子宫颈口稍开张，充血肿胀，有时发生溃疡，有时可见脓性分泌物从子宫颈流出、腥臭难闻，病羊精神沉郁，体温升高、食欲减退或废绝，反刍减少或停止，回头顾腹，不时磨牙空嚼，逐渐消瘦，性周期紊乱，屡配不孕，阴门周围及尾根常粘有脓性分泌物或其干痂，并发慢性腹膜炎、前胃弛缓、积食、及间歇性臌气时，很容易造成误诊而延误治疗。随着病情发展、体温偏低，末梢冰凉，心率 100 ~ 120 次/分钟以上，呼吸 60 次/分钟以上，病牛腹痛、卧地呻吟，头颈歪向一侧，瘤胃蠕动停止，阴道流出污红色或棕黄色的恶臭渗出物、内含黏液及污白色的黏膜组织碎片，如能及时治疗，尚有望治愈，若继续发展、引起子宫穿孔或败血症、脓毒血症以后预后慎重。剖检可见子宫内黏液呈稀糊状，有腐臭味，子宫黏膜有脓性浸润，充血、肿胀、坏死，有不同程度脱落，有时子宫黏膜上有成片的肉芽组织或瘢痕。

### （三）诊断

主要根据病史、临床检查症状和实验室检验诊断。比较可靠的诊断方法是进行冲洗液的检查，若回流液混浊，面汤或米汤样，其中夹杂有小脓块或絮状物即可确诊。

### （四）治疗

对子宫内膜炎的治疗，要根据疾病的情况，病羊个体特点和全身状况灵活治疗。在实施局部治疗的同时进行全身治疗，及早进行局部处理常能取得较好疗效，实践证明治疗该病的关键环节是子宫冲洗和子宫投药。

1. 冲洗子宫

早期使用防腐剂冲洗子宫是治疗化脓性子宫内膜炎的有效疗法之一，首先用10%的氯化钠溶液，用子宫冲洗器反复进行子宫冲洗，直至排出透明液体为止，每日冲洗一次，随渗出物的逐渐减少和子宫收缩力的提高，将盐水的浓度逐渐降到1%。注意药液温度把握在35～45度，药液量不宜过大，每次用量在500～1 000ml，注入药液不顺利时切不可加大压力、以免感染扩散、引起输卵管或腹膜发炎。用高浓度药液冲洗之后、及时用0.1%的高锰酸钾、0.1%的雷佛奴尔、1%的碳酸氢钠、0.9%生理盐水、0.01%的新洁尔灭溶液等反复进行子宫冲洗，排出子宫内残留的10%的氯化钠溶液、减轻对子宫黏膜的刺激，直至排出透明液体为止，冲洗后必须充分排出子宫内的液体，以免引起子宫弛缓和感染的扩散。每日冲洗一次，连续3～5d，排净药液后，向子宫内投入抗生素。

2. 子宫内投入抗生素

冲洗排净子宫内的液体后，向子宫内投入抗生素如链霉素0.5～1g或四环素1～2g，用20～50ml生理盐水溶解后注入子宫内，为防止注入溶液外流，所用的溶剂数量不宜过大。

3. 封闭疗法

用青霉素80万单位、链霉素50万单位溶解于250ml生理盐水中，加入3%普鲁卡因10ml从右侧肷部腹膜腔内注入，进行封闭治疗，防止炎症扩散和减轻全身症状。

4. 抗菌消炎和解除自体中毒

用5%碳酸氢钠20～40ml、5%葡萄糖生理盐水500～100ml、40%乌洛托品10ml、20%安钠咖10ml、青霉素80万～240万单位一次静脉注射。注意抗生素要及早、大量、连续使用，首次用量要足，直至体温降止正常。促进子宫收缩和渗出物的排出，可给予己烯雌酚、氨甲酰胆碱、新斯的明等药物，尤其是雌激

素。解除自体中毒、增强机体抵抗力可使用地塞米松和维生素 C。

### （五）预防

人工授精，难产助产，剥离胎衣等操作中要严格消毒，防止感染。

## 十四、如何防治风湿病

风湿病是主要侵害背、腰、四肢肌肉和关节，同时也侵害蹄以及其他组织器官的全身性疾病。多见于设施养殖中，在圈舍潮湿羊场、寒湿地区和冬春季节发病率较高。

### （一）病因

一般认为是一种由抗原 – 抗体反映所致的变态反应性炎症，这种变态反应主要由溶血性链球菌的感染所引起。机体疲劳、受冷、受潮及圈舍贼风都是引起该病的诱因。

### （二）症状

风湿病的特点是突然发病，疼痛有转移性，容易再发。临床上根据发病主要症状和器官的不同，将风湿病分为肌肉风湿病、关节风湿病、蹄风湿病和心脏风湿病等。

肌肉风湿病：主要发生在活动性较大的肌群，如颈肌群、肩臂肌群、背腰肌群、臀肌群、股后肌群。急性肌肉风湿病的主要病例变化是发生浆液性或纤维性炎症。触诊患部肌肉紧张，坚实，疼痛，经数日或 1～2 周症状即可消失，但易复发。多数肌肉发病则伴有全身症状，体温升高，食欲减退，结膜潮红，脉搏频数。慢性肌肉风湿的主要病理变化是慢性间质性肌炎，病程能维持数周至数月。患部肌肉萎缩，弹性降低，全身症状不明显，触诊患部疼痛，肌肉表面坚硬、不平滑。因疼痛有转移性，故出现交替性跛行。

关节风湿病：多发生在肩、肘、膝等活动性较大的关节，常呈对称性，也有转移性，脊柱关节也有发生。急性关节风湿病表现为急性滑膜炎的症状，关节肿胀、增温、疼痛，关节腔有积液，触诊有波动，穿刺液为纤维性絮状混浊液。站立时患肢常屈曲，运动时呈肢跛为主的混合跛行，常伴有全身症状。转为慢性时，呈现慢性关节炎的症状，滑膜及周围组织增生、肥厚，关节变粗，活动受到限制，运动时有关节内摩擦音。

风湿病因发病部位不同，症状也有区别。颈部风湿，一侧患病时，颈弯向患侧，叫斜颈。两侧同时患病时，头颈伸直，低头困难，称为低头难。背腰风湿，背腰弓起，运步时后肢常以蹄尖拖地前进，转弯不灵活，卧地后起立困难。四肢风湿，患肢举扬困难，运步缓慢，步幅缩短，跛行随运动量的增加而减轻或消失。

### （三）诊断

通常依据病史和病状特点不难诊断，必要时可静脉注射水杨酸钠1h后运步检查，如跛行明显减轻或消失可确诊。

### （四）防治

该病的预防，应注意秋季防潮湿，冬季防寒，避免感冒，圈舍经常保持清洁干燥，防止贼风侵袭，在雨淋后圈于避风处，以防受风。

该病的疗法很多，但易复发，常用的疗法有以下几种。

水杨酸制剂疗法：水杨酸制剂具有明显的抗风湿、抗炎和解热镇痛作用，用于治疗急性风湿病效果较好。除内服水杨酸钠外，还可静脉注射10%水杨酸钠溶液10~30ml，也可静脉注射镇跛痛、水杨酸溴碘、撒溴葡萄糖等注射液。应用安乃近、氨基比林也有良好效果。

可的松制剂疗法：可的松具有抗过敏作用和抗炎作用，用来治疗急性风湿病也有显著效果。可选用醋酸可的松、氢化可的松、地塞米松等，用量依大小而定。此外，也可用中草药、针灸疗法。

## 十五、什么是羊妊娠毒血症？如何防治？

羊妊娠毒血症也称羊妊娠中毒症，又名双羔病，由于该病的发生原因尚未完全查明，故又有"妊娠反应病"之称。是怀孕母羊的一种亚急性代谢病，多发生在妊娠中后期，在妊娠最后两个月多见，亦见于分娩前2~3d。从临床症状上看，羊妊娠毒血症实际上是羊的酮病，是碳水化合物和脂肪代谢障碍。临床上以肝脏发生脂肪浸润，低血糖，高酮体（酮血、酮尿）、虚弱和瞎眼为特征，常有凝视、食欲减退、卧地不起，甚至昏迷等症状。

### （一）病因

羊妊娠毒血症病因尚不完全清楚，目前认为主要与营养失调和运动不足有关，致病因素方面，品种、年龄、肥胖、胎次、怀胎过多、胎儿过大、妊娠期营养不良、环境因素、气候骤变等因素均可影响该病的发生。妊娠毒血症是一系列的征候，而不是来自于单一的致病因子，有许多不同的原因可能引起，病因较为复杂，可能与以下因素有关。

1. 饲养管理不合理

妊娠羊饲料单一，营养不足或不全，饲料中可溶性糖类不足，导致妊娠母羊营养失调、物质代谢发生障碍。冬草储备不足，母羊因饥饿而造成身体消瘦，对外界环境的适应性降低。或者由于营养过度，喂给精料过多，特别是在缺乏粗饲

料的情况下而喂给含蛋白质和脂肪过多的精料时，更容易发病。此外孕羊因患其他疾病，也能促进该病的发生。

2. 体内物质代谢障碍

在妊娠中后期，胎儿生长迅速，尤以后期胎儿生长迅速，代谢旺盛，随着胎儿迅速生长发育，所需营养物质增加，当日粮中碳水化合物和生糖物质不足，不能满足胎儿及母体本身的需要时，母体首先消耗自身储存易被利用的肝糖原，当肝糖原过度消耗后，脂肪组织中的脂肪将大量入肝转为糖原，结果使脂肪代谢紊乱，由于脂肪不完全氧化，从而形成高血脂，严重者出现脂肪肝。组织中酮体浓度增高，酮体超过了肝外组织所利用的限度，致使发生酮血症、酮尿症和酸中毒。

3. 子宫胎盘供血不足

子宫张力过高（多胎羊、胎儿过大）或羊水过多等压迫子宫血管引起子宫缺血，导致胎儿新陈代谢紊乱，超过母体代偿能力。

4. 过早配种

养羊户急于得到羔羊，盲目追求经济效益，对未达到体成熟的母羊过早配种，母羊身体各器官还未发育完全就已经身怀多胎，结果导致该病的发生。

5. 各种应激因素的作用

气候剧变、疼痛、长途运输、禁饲、饲料突变等，常使血糖降低引起该病。

6. 与运动不足有关系

该病经常发生于舍饲羊，放牧羊发病相对较少，据统计，病羊中舍饲羊因运动不足发病占33%、因妊娠母羊日粮搭配不当造成发病者占61%。

**（二）发病机理**

关于该病的发生机制，还研究得不够，目前比较公认的理论是：日粮中碳水化合物含量低，造成碳水化合物的代谢扰乱，所以病羊具有不同程度的低血糖和高血酮。

当母羊怀多羔或单羔胎儿过大时，在妊娠后期易发生，这是因为此期胎儿发育特别快，仅靠采食的饲料不能满足胎儿发育需要，为了满足胎儿生长，不得不动用体脂及体蛋白，因而产生体内糖元、体蛋白、体脂的动员，引起体内酮体生成增多，肝脏机能受损，代谢紊乱，是该病发生的根本原因。

该病发生的诱因是饲料营养不均衡，饲草饲料营养水平低、短期饥饿、低钙血症、垂体－肾上腺系统平衡紊乱也可诱发该病。过多饲喂含蛋白质和脂肪多的精料使母羊过肥，以及饲喂低蛋白、低脂肪的饲料使母羊过瘦均可以诱发该病。

### （三）症状

绵羊、山羊都可发生，绵羊发病较多，多以设施养殖、产羔多的小尾寒羊为主，主要见于母羊怀双胎、3胎或胎儿过大时，在5~6岁的绵羊比较多见，常发生于妊娠最后一个月内，以分娩前10~20d居多，也有在分娩前2~3d发病者，最长的产前一个月出现症状。

羊妊娠毒血症起病缓慢，不易发现，病羊初期食欲减退，进食咀嚼无力，多有异嗜现象，精神沉郁，离群呆立，举动不安，步态不稳，黏膜苍白；随着病情发展，瞳孔散大，视力减退，可视黏膜黄染，目光呆滞凝视，食欲减退或废绝，反刍减弱或停止，体温正常或偏低，尿少色黄如油状，喝水减少，尿液pH值检查呈酸性，粪多正常、有的干黑、有的稀软、有的带有黏液、个别干稀交替、时干时稀；严重时食欲废绝，起立困难而卧地，眼球凹陷，多数有神经症状，磨牙，头向侧仰，耳震颤，眼周围肌肉及其他个别肌群挛缩，可发展为肌肉震颤，头不自主摆动、扭曲、流涎、空嚼、咬牙、心跳加快，80次/min以上，呼吸困难，头颈侧弯和转圈运动，甚至产生角弓反张，昏迷，死亡；后期病羊双目失明，不断鸣叫，不愿走动，即使陌生人或其他动物走近时，病羊仅扭转身体而不敢移动，卧地不起，强制拉起后，常将重心移向前肢，后肢不能用力，呼出气体内有明显的酮臭味，粪便干燥，常有便秘，磨牙，在昏迷中死亡，幸存者常伴有难产，能产下羔羊的病情常有好转，否则母仔双亡，羔羊极度虚弱或生后不久死亡。

### （四）诊断

根据怀孕后期有明显神经症状，失明，呼出气中有酮臭，并且多在分娩前10~20d发病，6~7d内死亡，结合临床症状可做出诊断，确诊该病应注意与李氏杆菌病、伪狂犬病、羊快疫等疾病相区别。

### （五）治疗

该病的治疗原则以补糖，保肝，解毒为主，结合降血脂、降血酮、纠正酸中毒、强心、利尿、调整胃肠功能，辅以止痛、助消化等。

20%~50%葡萄糖注射液250~500ml、维生素C注射液0.2~0.5g，一次缓慢静脉注射，每天一次，连用5~7d；多维葡萄糖粉50g，加常水2 000ml，口服，2次/d，连续3d；丙酸钠50~100g/d或丙二醇20ml/d或甘油20~30ml/d，口服，其效果优于口服葡萄糖。

5%碳酸氢钠溶液30~100ml，静脉注射，隔日或每日一次，连用3~6次，有水肿时，以多次少量使用为宜。

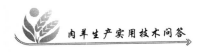

降低血脂可用胆碱注射液 0.5~1.5g，肌内注射，1 次/d；肌醇注射液 0.5~1.5g，一次静脉或肌内注射，1 次/d。

维生素 $B_1$ 注射液 0.05g，一次肌内注射，1 次/d，连用 7d，维生素 $B_6$ 0.25~0.5g，皮下或肌内注射，1 次/d，连用 3~4 次。

如上述方法治疗无效，病情恶化，危及母子生命时，为保母子平安，应进行全面检查，如到产期，可进行人工助产或实施剖腹产手术。如未到产期，必要时采用手术疗法，及时终止妊娠，取出胚胎，保住母羊的生命。

### （六）预防

预防：给妊娠母羊给予充足的营养和良好的管理，是预防该病的关键性措施。定期检查妊娠羊的健康状况，有条件的产前 1~2 周对怀孕羊进行血糖、血酮和尿酮含量测定，以便早期发现，及时治疗。

补饲：在母羊妊娠后期适当补饲，加强营养，产前两个月内，补喂精饲料，应供给富含蛋白质和碳水化合物并易消化的饲料，每只每天补精料 0.6~0.8kg，优质青干草 1~1.5kg，减少青储饲料喂量，要求所喂饲料的容积小，质量好。遇到寒冷、恶劣气候时更应增加饲料供给，避免突然更换饲料及其他应激因素，同时注意补饲胡萝卜、苜蓿、食盐、矿物质等，调整钙、磷等矿物质的比例，禁止喂发霉、腐败、变质、冰冻的饲料。在妊娠后期为防止营养不足，对肥胖、怀胎过多过大，以及易发生该病的品种，可在分娩前后适当补给葡萄糖，可防止妊娠毒血症的发生与发展。

护理：让母羊在妊娠期适当运动，特别是舍饲养殖羊只要增加运动，饲喂或驱赶运动时动作要慢、稳，防止拥挤、压、撞、跃、打、踢，禁止无故捕捉、惊扰羊群或抽冷鞭，让病羊适当运动，以促进康复。

## 十六、什么是白肌病？如何防治？

白肌病亦称肌营养不良症，是由于硒或维生素 E 缺乏引起羊以骨骼肌、心肌纤维以及肝脏发生变性、坏死为特征的一种营养元素缺乏症，是羔羊较常发生的一种地方性营养代谢性疾病，主要由饲草、饲料长期缺乏硒（Se）和维生素 E 所致。临床上以运动失调和循环衰竭、肌肉色淡、苍白为特征，病理上则以心肌和骨骼肌的变性、坏死为特征，因病变肌肉色淡、甚至苍白而得名。白肌病地理分布较广，发病率较高，常呈地方性同群发病，各种年龄的羊均易发生，但以 3~5 周龄的羔羊和 4 月龄左右犊牛最易患病，羔羊死亡率有时高达 40%~60%，因此，常造成严重的经济损失。

## （一）病因

当饲料、饲草内硒的含量低于千万分之一时，就可发生硒缺乏症。原发性硒缺乏主要是饲草、饲料中硒和维生素 E 缺乏或不足所致，其原因有：动物白肌病流行区，土壤硒含量低于正常值，其生长的植物、饲草硒含量亦偏低或缺乏，当土壤硒低于 0.5mg/kg 时，该土壤上种植的植物含硒量便不能满足动物机体的要求。此外土壤中硒能否有效被植物利用还与土壤酸碱性有关。饲料中的硒能否被充分利用，也受铜、锌等元素的制约，体内多种元素也可拮抗、降低硒的生物学作用，维生素 E 不足也易诱发硒缺乏症的发生。劣质干草、蒿秆等维生素 E 含量很低，长期饲喂会造成维生素 E 缺乏。

## （二）发病机理

硒和维生素 E 均为强抗氧化剂，维生素 E 的生物学作用除抗不育外，还参与稳定膜结构及调节膜结合酶活性，通过抗氧化作用，防止生物膜的不饱和脂肪酸氧化和过氧化及清除自由基，实现对膜结构的保护效应，二者在这一生理功能方面具有协同作用。硒和维生素 E 缺乏时，谷胱甘肽过氧化物酶活性降低，维生素 E 含量减少，体内产生的过氧化物蓄积，使细胞膜性结构受过氧化物的毒性损害而遭受破坏，细胞的完整性丧失，组织细胞发生退行性病变、坏死、钙化，组织器官呈现变质性变化，这些变化引起相应的机能改变，出现一系列的临床症状与表现，病变组织器官机能紊乱及其相互影响，促使病程、病变进一步发展，终致发病羊死亡。病变可波及全身，但以骨骼肌、心肌受损最为严重，可引起运动障碍和急性心肌坏死。硒和维生素 E 的作用较难区分，两者都能防治肌营养不良，但只用硒可预防肌营养不良，而单用维生素 E 不能预防。

## （三）症状

严重者多不表现症状而突然倒地死亡。心肌性白肌病可见心跳加快、节律不齐、间歇和舒张期杂音以及呼吸急促或呼吸困难，有泡沫血样鼻液流出。骨骼肌性白肌病时运动失调，表现为不愿走动、喜卧，行走时步态不稳、跛行，严重者起立困难，站立时肌肉僵直，背腰发硬，后躯摇晃，臀部肿胀，触之硬固，部分病畜拉稀，消化不良，机体衰弱。

慢性病例生长发育停滞，心功能不全，运动障碍，并发顽固性腹泻，全身衰弱，行走困难，共济失调，可视黏膜苍白、黄染，有结膜炎或角膜混浊，最后卧地不起死亡，少数受到运动或过度兴奋而突然死亡，有的白天精神良好或稍有沉郁，但在夜间死亡，生长发育越快的，越容易发病，且死亡越快。

肉羊生产实用技术问答

### （四）诊断

根据临床症状和心肌、骨骼肌的典型病变一般可做出诊断，也可结合缺硒历史和及时应用硒制剂取得良好效果做出诊断。

### （五）治疗

0.1%亚硒酸钠溶液羔羊 2～4ml，肌肉或皮下注射，每月一次，连用两次。也可用亚硒酸钠在饲料中添加补硒至 0.1mg/kg，同时配合添加使用维生素 E，羔羊 50～100mg。

### （六）预防

加强饲养管理，供给优质豆科牧草如紫花苜蓿，注意整体营养水平，特别是应补充适当的精料。结合冬春防疫，注射 0.1%亚硒酸钠液 4～6ml，有很好预防效果；母羊产前补硒和维生素 E，对羔羊可收到良好效果，可在母羊产前每天给生育酚 75mg，或产后羔羊每天给 25mg；也可在母羊产羔前 1 个月肌内注射 0.1%亚硒酸钠维生素 E 合剂 5ml，即可起到很好的预防作用，或在羔羊出生后第 3 天肌内注射亚硒酸钠维生素 E 合剂 2ml，断奶前再注射 1 次，能预防新生羔羊白肌病。

远期预防要保证饲料中含硒量在需要范围，如达不到这一水平，可采取下述措施。

1. 定期给硒盐供舔食

可将 20～30mg 亚硒酸钠加到 1kg 食盐中，定期舔食，注意一定要混合均匀。

2. 瘤胃投硒弹

可采取瘤胃投硒弹的办法补硒，硒弹重 10g，有效期可维持 1 年左右。

3. 施肥与喷洒

对于高产牧场或专门从事牧草生产的草地，可用施硒肥的办法解决补硒问题，或在牧草收割前进行硒盐喷洒，同样可增加牧草含硒量。

4. 饮水补硒

可定期在人工饮水条件下，将所给的硒盐加入。

## 第三节　常见寄生虫病的防治

### 一、什么是肝片吸虫病？如何防治？

#### （一）该病特征

肝片吸虫病是由肝片吸虫寄生于羊的胆管中引起的一种寄生虫病，以肝炎、肝硬化、胆管炎、消化紊乱、消瘦为特征。

## （二）虫体特征

肝片吸虫的成虫呈榆叶状，虫体扁平，新鲜虫体呈棕红色，长 20～35mm，宽 5～13mm。虫体前端有一个锥状突起，称头椎。头椎后方逐渐变宽形成肩部，肩部后逐渐变窄。虫体有两个吸盘，一个叫口吸盘，位于头椎前端；一个叫腹吸盘，位于两肩之间，腹吸盘大于口吸盘。雌雄同体。

虫卵呈卵圆形，黄褐色或棕黄色。卵的前端稍窄，有一个不明显的卵盖。

## （三）生活史与流行特点

### 1. 生活史

肝片吸虫的成虫寄生于羊的胆管内，虫卵随胆汁排入小肠，继而随粪便排出体外。在外界环境中发育成毛蚴。毛蚴在水中进入中间宿主椎实螺体内，在椎实螺体内发育成尾蚴，尾蚴出螺体，附着于水草上发育成囊蚴，当囊蚴被羊食入后，在消化管脱囊，透过肠壁进入血液，或穿过肠壁进入肝，或随血液循环到达胆管内，在胆管内发育成成虫。成虫寿命 3～5 年。

### 2. 流行特点

病羊和带虫者是主要传染源。椎实螺是中间宿主。主要感染羊，潮湿多雨季节发病，多发于沼泽地。

## （四）致病作用与症状

### 1. 致病作用

幼虫在移行过程中，损伤肠壁及肝，引起肠炎、肝炎和出血。成虫对胆管有持续性刺激和毒素作用，并夺取宿主营养，引起胆管炎、贫血、消瘦和水肿。虫体堵塞胆管，引起黄疸。

### 2. 症状

急性期：体温升高，精神沉郁，食欲减退，贫血，黄疸。羊多为此型。

慢性期：贫血，消瘦，结膜苍白，眼睑、颌下、胸前、腹下等处出现水肿，食欲减退或异嗜，周期性瘤胃鼓气，腹泻。

### 3. 剖检病变

肝实质萎缩，硬变。胆管粗厚如索状突出于肝表面，胆管内壁粗糙，内含虫体和粒体状磷酸盐结石。

## （五）诊断

根据流行特点与症状可作出初步诊断。

剖检在胆管发现虫体即可确诊。

实验室诊断：采取粪便反复水洗、沉淀的方法查出卵，可以确诊。

**（六）防治措施**

**预防**

1. 预防性驱虫

每年进行两次驱虫，第一次在秋末冬初或由放牧转入舍饲之后，第二次在冬末春初。每次驱虫要集中处理粪便，用生物热消毒法杀死虫卵。

2. 消灭中间宿主

填平或改造水渠和低洼地，用化学药品灭螺。可喷洒血防 67，配制浓度为每吨水 2.5g，或喷洒 0.002% 硫酸铜灭螺。

3. 注意饮水和饲草卫生

不到椎实螺孳生地放牧，给羊饮用清洁井水，水生饲草经青储后再喂羊。

**治疗**

贝尼尔，10 ~ 15mg/kg 体重，内服。

吡喹酮，羊 5mg/kg 体重，内服。

硝氯粉，4 ~ 5mg/kg 体重，内服。

## 二、什么是捻转胃虫病？如何防治？

**（一）病原**

该病是由捻转胃虫（捻转血矛线虫）引起的，寄生于羊的第四胃。捻转血矛线虫呈毛发状，淡红色，头端尖细，口囊小，内有矛状的角质齿，雄虫长18 ~ 20mm，尾部有发达的交合伞。雌虫长 25 ~ 34mm。新鲜虫体很像红白线捻在一起（红色为肠管内吸满血，白色为虫的生殖系统）或灰白线（陈旧虫体）捻在一起，所以称为捻转胃虫。

**（二）发育史**

虫卵随宿主粪便排到外界，在适宜的环境下，经过第一、第二幼虫期，发育成有感染性的第三期幼虫，被宿主摄食后，在瘤胃中脱鞘，经再次脱皮，形成童虫而寄生在真胃中。

**（三）症状**

急性突然死亡，如果检查同群其他病羊，可发现精神不振、被毛粗乱、贫血，颌下或腹下浮肿，下痢和便秘交替发生。慢性逐渐消瘦，行走不稳，最后极度衰竭而死亡。

**（四）预防**

每年定期进行预防性驱虫，在春、秋两季用丙硫咪唑各进行一次。驱虫后的粪便堆集进行发酵处理，以消灭虫卵和幼虫。

### （五）治疗

伊维菌素针剂，0.2mg/kg，皮下注射。

丙硫咪唑，10～15mg/kg，一次灌服。

四咪唑，10～15mg/kg，一次口服。

左旋咪唑，6mg/kg，一次灌服。

## 三、什么是绦虫病？如何防治？

### （一）该病特征

绦虫病是由绦虫寄生于消化管引起的一种寄生虫病，以衰弱、消瘦、贫血和神经机能紊乱为特征。

### （二）病原特征

绦虫虫体呈扁平带状，长1～6m，宽16mm，由无数节片组成。呈白色或乳白色，雌雄同体。绦虫节片可分为头节、颈节和体节三部分。头节细小，呈球形或梭形，其上有固着器固着在肠壁上，颈节细短。体节又或分为未成熟节片、成熟节片和孕卵节片三部分。绦虫不断从颈节长出新节片，孕卵节片不断脱落。卵呈三角形、四边形或卵圆形，内含六钩蚴。

### （三）生活史与流行特点

1. 生活史

孕卵节片随粪便排出体外，卵在外界环境中发育成幼虫，被中间宿主地螨吞食。六钩蚴在中间宿主体内发育成似囊尾蚴，污染饲草。羊食入带有似囊尾蚴的中间宿主，似囊尾蚴吸附在小肠黏膜上，发育为成虫（经40d左右）。

2. 流行特点

病羊为传染源，以羔羊最易感。中间宿主为地螨，阴暗潮湿的地区地螨最多，在温暖多雨季节发病较多。

### （四）致病作用与症状

1. 致病作用

机械刺激引起肠炎，虫体多时堵塞肠腔，引起肠梗阻、肠破裂。

由于虫体生长很快，需从宿主夺取大量营养，引起宿主贫血消瘦。

虫体产生大量毒素，侵害宿主神经系统，引起神经功能紊乱。

2. 症状

食欲减退，饮欲增强，腹围增大，腹痛，下痢或便秘。

衰弱、消瘦、贫血。

个别出现神经症状，呈现抽搐、旋转运动。

### （五）诊断

根据流行特点和症状可作出初步诊断。

从粪便中查出孕卵节片或用饱和盐水漂浮法从粪便中查到虫卵，均可确诊。

### （六）防治措施

**预防**

避免在地螨孳生地放牧，不在雨后的凌晨和傍晚放牧。

搞好环境卫生，加强粪便管理，及时清扫粪便，集中作无害化处理。

预防性驱虫。在舍饲转放牧前对羊进行第一次驱虫，放牧后一个月内进行第二次驱虫，一个月后进行第三次驱虫。

**治疗**

1%硫酸铜溶液内服。绵羊 1～3 月龄 15～30ml，3～6 月龄 30～45ml，6～10 月龄 40～80ml，10 月龄以上 80～100ml。成年山羊不超过 60ml。

灭绦灵 75～80mg/kg 体重，内服。

别丁（硫双二氯酚）80～100mg/kg 体重，内服。

## 四、什么是棘球蚴病？如何防治？

### （一）该病特征

棘球蚴病又称"包虫病"，是由细粒棘球绦虫的棘球蚴寄生在人、牛羊等多种哺乳动物的脏器内引起的严重的人畜共患寄生虫病，以咳嗽、肝区疼痛、衰弱、消瘦、瘤胃持续性鼓气为特征。

### （二）病原特征

棘球蚴虫体为球形包囊，内含大量液体，一般直径 5～10cm，大的直径可达 50cm，囊液达 10L 多。囊液内有许多从囊壁上脱落的原头蚴，肉眼观察像沙粒，称棘球沙或包囊沙。

### （三）生活史与流行特点

1. 生活史

棘球蚴的终末宿主为食肉动物，中间宿主为牛羊。棘球蚴的成虫为细粒棘球绦虫，寄生在食肉动物的小肠内，孕节或卵随粪便排出，污染饲料，饮水和草场。羊吞食后，六钩蚴在消化管内孵出，通过肠壁进入血液，随血液循环到达肝、肺、心、脾、脑等多种脏器发育成棘球蚴，在羊体内能存留数年。终末宿主食入含棘球蚴的肝、肺，在小肠中发育成成虫，其生存期为 5～6 个月。

2. 流行特点

棘球蚴病以绵羊感染率最高，牛也易感，也可感染人。细粒棘球绦虫的卵在外界环境中存活期很长，0℃能存活116d，50℃1h死亡。孕节能够蠕动，可以爬到草茎上。有的附着在终末宿主肛门周围，使终末宿主瘙痒不安，到处散播虫卵，使污染范围扩大。

### （四）致病作用与症状

1. 致病作用

棘球蚴的致病作用，一方面因虫体很大，压迫器官，造成器官萎缩，机能障碍；另一方面是毒素危害，可引起宿主过敏性呼吸困难，体温升高，腹泻。

2. 症状

若棘球蚴寄生在肺，病畜长期呼吸困难，咳嗽。绵羊严重感染时，咳嗽时倒地，不能立即起立。若虫体寄生在肝，肝浊音区扩大，疼痛，慢性鼓气，消瘦无力。若虫体寄生于其他脏器，可出现相应的机能障碍，如心力衰竭，神经症状，消瘦，贫血等。

### （五）诊断

因棘球蚴病的临床症状不典型，常用变态反应确诊。

### （六）防治措施

**预防**

不要让羊吃带有棘球蚴的废弃脏器，减少羊感染细粒棘球绦虫的机会。

给羊定期驱除绦虫。别丁100mg/kg体重；或灭绦灵100～150mg/kg体重；或吡喹酮2.5～5mg/kg体重，混于肉内投服。驱虫时将羊拴住，驱虫后的羊粪集中作无害化处理。

养羊家庭的人员和驱虫人员要注意个人防护，防止人被感染。

**治疗**

无有效的药物治疗，诊断为棘球蚴病的羊最好淘汰处理，或用手术方法摘除包囊，摘除时不要使包囊破裂，以防人被感染。

### （七）棘球蚴病变态反应操作技术

取新鲜棘球蚴包囊液，无菌过滤，使滤液不含原头蚴。为了防止当时找不到棘球蚴包囊液，可将平时收集的包囊滤液加0.5%氯仿密封保存于冷暗处备用。

在羊颈部皮内注射滤液0.1～0.2ml，同时在注射部位一定距离处注射生理盐水做对照。

注射后5～10min观察注射部位皮肤，如出现红斑，直径在0.5～2cm，同时

有肿胀或水肿，判为阳性。

## 五、什么是脑多头蚴病？如何防治？

### （一）该病特征

脑多头蚴病是由多头绦虫的幼虫寄生在羊的脑部引起的一种寄生虫病，以强迫运动：转圈或前冲、后退为特征。

### （二）病原特征

脑多头蚴的虫体为球形包囊，囊内充满液体，由黄豆大到鸡蛋大，囊液内有许多原头蚴。

### （三）生活史与流行特点

1. 生活史

多头绦虫的终末宿主为犬等食肉动物，人也会偶尔感染，中间宿主为羊。成虫寄生在终末宿主的小肠内，孕节片随着粪便排到体外，污染饲草和饮水，被中间宿主食入，在消化管逸出六钩蚴。六钩蚴穿过肠壁，进入血液，随血液循环到脑，发育成多头蚴，到达其他组织的六钩蚴不能发育而迅速死亡。终末宿主吃了含多头蚴的脑组织，在消化管发育成成虫，可存活 6~8 个月。

2. 流行特点

在牧区或农区羊与犬经常接触，给脑多头蚴病的流行创造了条件。犬吃了含多头蚴的羊脑而被感染。被感染的犬又不断向体外排出孕卵节片，污染环境，这就钩成了脑多头蚴病的流行链，因此脑多头蚴病在一年四季均可发生。

### （四）致病作用与症状

1. 致病作用

感染初期，因虫体在脑膜与脑间移行，引起脑炎和脑膜炎。

虫体发育成熟后，压迫脑和脑膜，引起脑贫血、脑萎缩、眼底充血、半身不遂、视神经营养不良、运动机能障碍而出现强迫运动。

2. 症状

前期表现体温升高，心跳和呼吸加快，强烈兴奋。病畜作回旋或前冲后退运动。

后期由于多头蚴的寄生部位不同，症状也有所不同，其典型症状为"转圈运动"，或前冲、后退，或头偏向一侧，或头向上仰。如多头蚴寄生在小脑，则平衡失调，运步异常，易跌倒，对声音敏感，很小的声音就会引起病畜强烈不安，向声源相反的方向逃避。病畜转圈运动的方向与虫体寄生部位相反。

### （五） 诊断

根据典型的临床症状可以确诊。

必要时要用变态反应试验诊断，脑多头蚴病的变态反应试验与棘球蚴病一样，只是包囊滤液的注射部位不同，脑多头蚴病是将包囊滤液注射到上眼睑皮内，1h 后眼睑肿胀（由 1.75～4.2cm），持续 6h。

### （六） 防治措施

**预防**

加强对羊的管理。

病羊的脑和脊髓不能食用，要及时焚烧。

对患多头蚴绦虫病的羊要进行驱虫治疗，所用药物同棘球蚴病。如硫双二氯酚 0.1g/kg，包在饲料内喂服，或用氢溴酸槟榔碱 1.5～2.0mg/kg，包在饲料中喂服。粪便集中作无害化处理。

**治疗**

主要采用开颅术摘除，病羊根据寄生情况，选择一定部位，采用圆锯手术，予以摘除。为减少经济损失，应早期确诊后，屠宰处理。

## 六、什么是食管口线虫病？怎么防治？

### （一） 该病特征

食管口线虫病是由食管口线虫属的几种线虫寄生于羊的肠壁与肠腔内引起的寄生虫病，以引起肠壁的结节病变、溃疡性化脓性结肠炎和持续性腹泻为特征。

### （二） 病原特征

食管口线虫是一类小型线虫，雄虫长 12～18mm，雌虫长 16～20mm，为小圆柱体。口囊呈小而浅的圆筒形，其外周为一显著的口领。口缘有叶冠，颈沟，颈沟前部表皮形成膨大的头囊。雄虫的交合伞发达，有一对等长的交合刺。雌虫排卵器发达，呈肾形。卵呈椭圆形。

### （三） 生活史与流行特点

1. 生活史

成虫在羊的结肠产卵，卵随粪便排出体外，在外界环境中发育成侵袭性幼虫，污染饲料和饮水。羊食入带侵袭性幼虫的饲料和饮水，幼虫在消化管中脱鞘，钻入结肠黏膜深处发育成包囊，包囊外形成白色颗粒状结节，然后自结节中返回肠腔，发育为成虫。

2. 流行特点

幼虫对高温、低温和干燥敏感，在0℃以下和35℃以上，相对湿度45%以下

很快死亡。春、秋季节发病率最高，夏、冬季节发病率低，羔羊感染率高。

### （四）致病作用与症状

1. 致病作用

主要侵害结肠壁，幼虫在结肠壁中形成结节，破坏肠壁，使肠管不能作为制肠衣的原料。

引起溃疡性、化脓性结肠炎，坏死性腹膜炎，毒素可引起贫血。

2. 症状

持续性腹泻，粪呈暗绿色，带黏液，有时带血。慢性病例，腹泻与便秘交替发生，进行性消瘦，有的病例颌下水肿，最后衰竭死亡。

### （五）诊断

根据临床症状和流行特点可作出初步诊断。

实验室诊断：用若虫培养法，将幼虫培养成第三期幼虫，根据幼虫的特征可确诊。

剖检发现结肠壁的幼虫结节也可以确诊。

### （六）防治措施

**预防**

搞好环境卫生，及时清扫粪便，进行无害化处理。

预防性驱虫，每年初春与早秋各进行一次。可用酚噻嗪混入饲料中喂给，成羊 1g/d，羔羊 0.5g/d。

**治疗**

内服驱虫药，所用药物同血矛线虫病治疗用药。

抗菌消炎，用痢菌净、磺胺脒等。

调节胃肠功能，用健胃药、助消化药等。

保护肠黏膜及吸附毒素，用矽碳银等。

## 七、什么是肺线虫病？如何防治？

### （一）该病特征

肺线虫病是由肺线虫属的网尾线虫寄生于羊的呼吸道和肺引起的寄生虫病，以咳嗽、流黏液脓性鼻液、消瘦为特征。

### （二）病原特征

肺线虫虫体呈丝状，乳白色或黄白色。雄虫长 38～74mm，雌虫 40～98mm。寄生于羊、牛、骆驼等。其虫卵呈椭圆形，壳薄，无色透明或淡黄白色，内含一个蜷曲的幼虫。

### （三）生活史与流行特点

1. 生活史

雌虫在气管内排卵，卵随黏液咳到口腔，再被咽下，在消化管孵出幼虫，随粪便排出体外，在外界环境中发育成侵袭性幼虫，污染饲料和饮水。当羊食入后，幼虫在消化管进入淋巴结，随淋巴和血液循环到肺，在肺内发育成成虫。虫体寄生在支气管和细支气管内。

2. 流行特点

幼虫耐低温，-40～-20℃低温下不死亡，但对高温敏感，21℃以上，幼虫的活力受到影响，冬春季节容易流行，成年羊比幼羊的发病率高。

### （四）致病作用与症状

1. 致病作用

幼虫与黏液混合，引起支气管堵塞，导致呼吸障碍，继发支气管肺炎与肺气肿。

2. 症状

咳嗽，呼吸急促为该病的主要症状。体温正常，鼻孔周围沾满黏液，干后形成痂快，堵塞鼻孔。病羊贫血消瘦，结膜苍白，严重时头、胸下和四肢水肿。

### （五）诊断

根据临床症状和流行特点，可作出初步诊断。

实验室诊断：在粪便中查出幼虫，可确诊。

剖检在气管和支气管内发现虫体、虫卵，有支气管炎症，并有出血点，不同程度的局限性肺气肿，可以确诊。

### （六）防治措施

**预防**

加强饲养管理，不在低洼潮湿的草地放牧，或把羔羊和成羊分群饲养。注意饲草和饮水卫生。对粪便要及时清理，作无害化处理。

预防性驱虫：春季放牧前和秋后转入舍饲后各驱虫一次，用酚噻嗪口服。

免疫：口服用 X 射线或钴 60 - γ 射线照射致弱的侵袭性幼虫，可以获得免疫。

**治疗**

同食管口线虫病。

用驱虫精溶液涂耳，可获得良好的疗效。

## 八、羊鼻蝇病怎样防治?

### (一) 病原

羊鼻蝇病(羊狂蝇蛆病)是由羊狂蝇的幼虫寄生于羊的鼻腔及其附近的腔窦内引起的一种慢性寄生虫病。羊鼻蝇成虫出现在春、夏、秋季,以夏季为最多,而且只在炎热晴朗的白天活动。雌蝇在飞翔的过程中遇到羊,就会突然冲击羊鼻,将幼虫产在鼻孔内或鼻孔周围,幼虫爬进鼻腔、鼻窦、额窦等处,少数进入颅腔内,发育为第二期幼虫,仍停留在原处,继续发育,经9~10个月发育成第三期幼虫,第三期幼虫爬行至鼻腔的浅表部,当羊打喷嚏时,将幼虫喷出外界,完成蛹,蛹最后羽化成蝇。

### (二) 症状

患有鼻蝇的羊表现打喷嚏,时常摇头甩鼻子,鼻孔流出黏液性和脓性鼻涕,眼睑浮肿,流泪,食欲下降,日渐消瘦。有的羊因幼虫伤及脑膜出现神经症状。

### (三) 预防

在羊狂蝇蛆病流行地区,每年夏、秋季节,定期用1%敌百虫喷擦羊的鼻孔,以驱除或杀死幼虫。

### (四) 治疗

10%~20%的兽用敌百虫溶液按0.075~0.1g/kg灌服;也可皮下注射伊维菌素,0.2mg/kg。

## 九、什么是螨病?如何治疗?

羊的螨病有两种,一种是痒螨主要危害绵羊,另一种是疥癣主要危害山羊。

痒螨多发生于绵羊,痒螨是由痒螨寄生于体表引起的接触性外寄生虫病,其病羊的背部、臀部,甚至蔓延到体侧部,以脱毛、皮肤炎症为特征。

疥螨俗称疥癣,是由疥螨属的各种螨寄生于羊的皮肤内引起的一种接触传染的慢性皮肤病。病羊表现剧痒,皮肤变厚及炎症、脱毛为主要特征的寄生虫病。

### (一) 流行特点

健康羊通过接触病羊或有螨的羊舍、用具等感染。传播途径主要通过皮肤、被毛等直接接触传播,幼龄羊更易感染。痒螨脱离羊皮肤,在羊舍内可存活3周,痒螨在外界环境适宜的条件下最长存活2个月,所以在治疗病羊的同时,也要彻底消灭病舍地面墙壁的螨虫。

### (二) 症状

痒螨开始局限于背部或臀部,以后很快蔓延到体侧部,患羊奇痒,病羊不安，咀咬患部，蹄踢患部，或常在木柱、墙壁等处擦痒不止，以后脱毛，脱毛处可摸到颗粒状物，最后形成水泡或脓疱，破裂后形成痂皮。痒螨不断刺激，使羊食欲减退，出现贫血，高度营养障碍，在寒冷季节引起大批死亡。疥螨通常发生于嘴唇、鼻面，眼圈及耳根部皮肤，患部奇痒，皮肤发红肥厚，继而出现丘疹、水泡，以后形成痂皮，严重时蔓延整个头部及颈部皮肤，病变如干固的石灰，故称为"石灰头"。由于龟裂多发生于嘴唇、口角、耳根和四肢弯曲面，导致病羊食欲废绝，衰竭而死。

### （三）预防

定期用螨净药浴，绵羊在每年剪毛后 1～2 周进行药浴，药浴应选择无风，晴朗的天气进行。药浴时间保证在 1min 以上，且头部要压入药浴液中 2～3 次。

### （四）治疗

局部治疗可用 1% 敌百虫洗刷患部，或用石硫合剂，配液是用生石灰 1 份，硫磺粉 1.6 份，水 20 份，混合均匀，置于锅内，倒入 20 份水，边煮边搅拌，约煮 1～2h，药煮成橙红色，取上清液洗刷患部。痒螨蔓延全身的可用 1% 克辽林或 2% 来苏儿进行药浴，也可用阿维菌素口服或注射伊维菌素进行治疗。

# 参 考 文 献

于利子.2013.牛羊病防治 [M].银川：阳光出版社.

徐桂芳.2006.肉羊饲养技术手册（第二版）[M].北京：中国农业科学技术出版社.

周占琴，武和平，付明哲.2005.怎样提高肉羊效益 [M].北京：金盾出版社.